全民阅读·经典小丛书

[东汉]马融◎著
冯慧娟◎编

忠经

吉林出版集团股份有限公司

版权所有　侵权必究

图书在版编目（CIP）数据

忠经 /（东汉）马融著；冯慧娟编 . —长春：吉林出版集团股份有限公司，2016.1

（全民阅读.经典小丛书）

ISBN 978-7-5581-0123-6

Ⅰ.①忠… Ⅱ.①马… ②冯… Ⅲ.①家庭道德—中国—古代②《忠经》—通俗读物 Ⅳ.① B823.1-49

中国版本图书馆 CIP 数据核字 (2016) 第 031379 号

ZHONG JING

忠经

作　　者：	［东汉］马融　著　冯慧娟　编
出版策划：	孙　昶
选题策划：	冯子龙
责任编辑：	王　妍　姜婷婷
排　　版：	新华智品
出　　版：	吉林出版集团股份有限公司
	（长春市福祉大路 5788 号，邮政编码：130118）
发　　行：	吉林出版集团译文图书经营有限公司
	（http://shop34896900.taobao.com）
电　　话：	总编办 0431-81629909　　营销部 0431-81629880 / 81629881
印　　刷：	北京一鑫印务有限责任公司
开　　本：	640mm × 940mm 1/16
印　　张：	10
字　　数：	130 千字
版　　次：	2016 年 7 月第 1 版
印　　次：	2019 年 6 月第 2 次印刷
书　　号：	ISBN 978-7-5581-0123-6
定　　价：	32.00 元

印装错误请与承印厂联系　　电话：18611383393

前言

《忠经》是一部仿《孝经》而著的儒家经典，旧本题为东汉马融撰。

马融是东汉著名经学家，字季长，扶风茂陵（陕西兴平东北）人。马融勤奋好学，精通经传典籍，知识深广。

《忠经》全书共分18章，体例全仿《孝经》而作。关于其写作的缘由，作者在"序"中提到："《忠经》者，盖出于《孝经》也。仲尼说孝者所以事君之义；则知孝者，俟忠而成之，所以答君亲之恩，明臣子之分。忠不可废于国，孝不可弛于家。孝既有经，忠则犹阙。故述仲尼之说，作《忠经》焉。"全书围绕"忠"，作了多方面的阐释，同样被尊为儒学之经典。

编 者

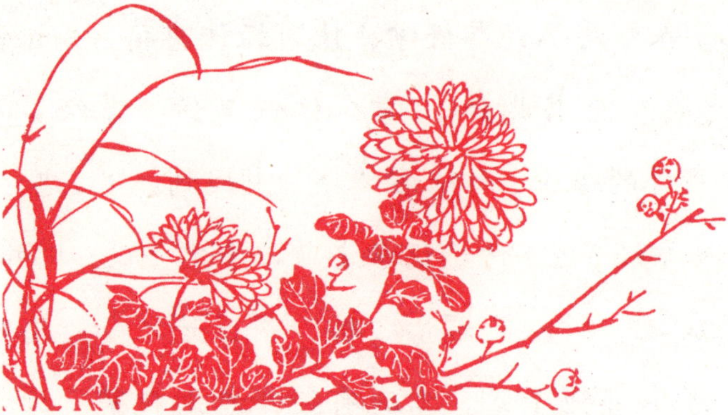

目录

忠经 ……………………………… 〇〇一

- 忠经序 …………………………… 〇〇二
- 天地神明章第一 ………………… 〇〇四
- 圣君章第二 ……………………… 〇〇五
- 冢臣章第三 ……………………… 〇〇六
- 百工章第四 ……………………… 〇〇七
- 守宰章第五 ……………………… 〇〇八
- 兆人章第六 ……………………… 〇〇九
- 政理章第七 ……………………… 〇一〇
- 武备章第八 ……………………… 〇一一
- 观风章第九 ……………………… 〇一二
- 保孝行章第十 …………………… 〇一三
- 广为国章第十一 ………………… 〇一三
- 广至理章第十二 ………………… 〇一四
- 扬圣章第十三 …………………… 〇一五
- 辨忠章第十四 …………………… 〇一六
- 忠谏章第十五 …………………… 〇一七
- 证应章第十六 …………………… 〇一八
- 报国章第十七 …………………… 〇一九
- 尽忠章第十八 …………………… 〇二〇

正经 ……………………………… 〇二一

- 卓鉴第一 ………………………… 〇二二
- 辩奸第二 ………………………… 〇二四
- 藏锋第三 ………………………… 〇三〇
- 远虑第四 ………………………… 〇三八
- 周详第五 ………………………… 〇四六
- 伟度第六 ………………………… 〇五三
- 宽容第七 ………………………… 〇五七
- 压邪第八 ………………………… 〇六三

目录

博爱第九	〇七四
刑戒第十	〇七七
政术十一	〇七九
荐亲友十二	〇八二
治本十三	〇八三
粒民十四	〇八五
妙判十五	〇八九
师谋十六	〇九八
运筹十七	一〇五
钱法十八	一一一
讽谏十九	一一四
辞锐二十	一一八
善应二十一	一二四
驭人二十二	一二八
利导二十三	一三二
沉机二十四	一三四
穷变二十五	一三六
处嫌二十六	一四一
平乱二十七	一四三
息纠纷二十八	一四五
诡智二十九	一四七
奇谋三十	一四八

忠经

忠经序

(汉)马融

【题解】

本篇旧题汉马融撰,又有东汉经学家郑玄注,实际上经和注如出一手。《四库提要》依据《后汉书·马融传》和宋以前的目录学著作皆不著录此篇,论定"其为宋代伪书";清代学者丁晏又以其中讳"治"为"理"、讳"民"为"人"及"臣融岩野之臣"等叙述,论定其"为唐人所撰";今姑从旧题。通观全篇,其文拟《孝经》为十八章,分别阐述了上自圣君、冢臣、百工,下至守宰、兆民等不同层次之人尽忠的内容;同时还具体论述了政理、武备、观风、扬圣、忠谏等不同情况之事尽忠的方法,目的是要达到"忠兴于身,养于家,成于国"的境界。这里的忠特指忠君,属封建糟粕,但也不乏对为官者应尽心竭力、忠于职守的训导,所以仍有借鉴意义。本篇原文据《津逮秘书》录出。

【原文】

《忠经》者盖出于《孝经》也[1]。仲尼说孝者所以事君之义[2],则知孝者,俟忠而成之,所以答君亲之恩、明臣子之分。忠不可废于国,孝不可弛于家,孝既有经,忠而犹阙,故述仲尼之说,作《忠经》焉。

【注释】

[1]《孝经》:宣传封建孝道和孝治思想的儒家经典。有今文、古文两本,今文本称郑玄注,分十八章;古文本称孔安国注,分二十二章。孔注本亡于梁,隋刘炫伪作孔注传世。

[2]仲尼:即孔仲尼、孔丘、孔子,仲尼为其字。

孔 子

【今译】

　　《忠经》出自于《孝经》。孔子认为孝义是侍奉君主的根本，人知道了孝义，同样也就懂得了忠贞，并能明白如何报答君主的恩德、恪守作臣子的本分。治国讲究忠贞，治家提倡孝义，提倡孝义已有《孝经》为典范，而讲究忠贞的尚为空阙，因此祖述孔子的思想学说，作《忠经》一篇。

【原文】

　　今皇上含庖轩之姿[1]，韫勋华之德[2]，弼贤俾能，无远不举。忠之与孝，天下攸同。臣融岩野之臣，性则愚朴，沐浴德泽，其可默乎？作为此经，庶少裨补。虽则辞理薄陋，不足以称焉，忠之所存、存于劝善。劝善之大，何以加于忠孝者哉！夫定高卑以章目，引《诗》《书》以明纲[3]，吾师于古，曷敢徒然？其或异同者，变易之宜也。或对之以象其意，或迁之以就其类，或损之以简其文，或益之以备其事，以忠应孝，亦著为十有八章，所以洪其至公，勉其至诚。信本为政之大体，陈事君之要道。始于立德，终于成功，此《忠经》之义也。谨序。

【注释】

　　[1]庖轩：即伏羲和黄帝。伏羲又名庖羲，相传他始画八卦，教民捕鱼畜牧，以充庖厨。黄帝姓公孙，因居轩辕之丘，故号轩辕氏。

　　[2]勋华：即尧和舜。尧姓伊祁，名放勋，号陶唐氏。舜姓姚，名重华，号有虞氏。尧和舜都是古史相传的圣明之君。

　　[3]《诗》：即《诗经》。《书》：即《尚书》。

伏羲

【今译】

　　当今皇上秉承伏羲、黄帝的雄姿,兼具唐尧、虞舜的美德,使贤明才能之人辅佐,无论远边近处都得到了抚育。忠贞与孝义,天下之人要永远同守。臣下马融是一个山野岩居不起眼的小臣,天性愚蠢厚朴,但深受着皇上的德化和恩惠,怎敢默默不语呢?写作此《忠经》,对天下多少是会有补益的。虽然我的言辞道理浅显,不值得受到称颂,但却涵盖了忠贞之意、劝善之意。劝善是个大事,但无论如何也不及忠贞和孝义!这里以地位的高卑为次序安排篇章节目,援引《诗经》《尚书》以显明纲领,我是以古人为师范,岂敢无根无据的虚造?凡其中和古人之意有异有同之处,那也是按实际事理应当变易的。在《忠经》里有时和古人之意相对来明确其意思,有时稍作更改来成就其一类,有时删减耗损来简要其文字,有时增加补益来完备其事理,目的在于以忠贞和孝义相对应,因此也写成十八章,借此来宏大极公正之道,劝勉人们真实忠诚。忠信是立国治国的根本,是臣下侍奉君主的关键。作为人只有从树立德行开始,才能获得最终的成功,这也是我撰写《忠经》的本意。谨序。

天地神明章第一

【原文】

　　昔在至理,上下一德,以徵天休,忠之道也。天之所覆,地之所载,人之所履,莫大乎忠。忠者中也,至公无私。天无私,四时行;地无私,万物生;人无私,大亨贞。忠也者,一其心之谓也。为国之本,何莫由忠?忠能固君臣,安社稷[1],感天地,动神明,而况于人乎?夫忠兴于身,著于家,成于国,其行一焉。是故一于其身,忠之始也;一于其家,忠之中也;一于其国,忠之终也。身一则百禄至,家一则亲和,国一则万人理。《书》

云："惟精惟一，允执厥中。"〔2〕

【注释】

〔1〕社稷：土、谷之神。后以社稷为国家政权的标志。

〔2〕此句出于《尚书·大禹谟》，原文为"人心惟危，道心惟微，惟精惟一，允执厥中。"

【今译】

古时最好的治理之道，是上下同心同德，以此来获得天赐的福佑，也就是以忠贞为根本的准则。上天所覆盖的，大地所承载的，人们所履践的，没有比忠贞更大更重要的了。忠的本意就是中，意思是极公正无私心。上天没有私心，所以春夏秋冬四季按序运行；大地没有私心，所以万事万物得以生存；人若没有私心，就能得到大吉大利的回报。所谓忠，是指要一心一意。立国治国的根本，为什么要在于忠呢？原因在于忠能坚固君臣之间的关系，使国家长治久安，并可以感动天地、感化神明，更何况对人的好处呢？一个人自身懂得忠贞，在家能治好家，在国也能成就大事，所以人们的言行必须专一忠贞。自身一人专一忠贞，只是忠的初级阶段；对家专一忠贞，也不过是忠的中级阶段；只有对国专一忠贞，才是忠的最高境界。一人自身懂得尽忠可以任官得俸禄，一家人懂得尽忠则可以使全家亲密和睦，全国人懂得尽忠则可以使举国上下安定有序。《尚书》中说："精一地恪守专一，诚信地保持中道。"

圣君章第二

【原文】

惟君以圣德监于万邦，自下至上，各有尊也。故王者上事于天，下事于地，中事于宗庙[1]，以临于人，则人化之，天下尽忠以奉上也。是以兢兢戒慎，日增其明。禄贤官能，式敷大化，惠泽长久，黎民咸怀。故得皇猷丕丕，行于四方，扬于后代，以保社稷，以光祖考，盖圣君之忠也。《诗》云："昭事上帝，聿怀多福。"[2]

【注释】

〔1〕宗庙：天子、诸侯祭祀祖先的处所。因封建帝王把天下据为一家所有，世代相传，故以宗庙作为王室、国家的代称。

〔2〕此句出于《诗·大雅·大明》，原文为"维此文王，小心翼翼，昭事上帝，聿怀多福。"

【今译】

君主帝王以圣明之德统治着全国，但自下层百姓到上层官僚，对君主帝王要各行其尊。帝王的职责既要上事天，又要下事地，还要治理国家，统领所有的人民，人民也因此得以教化，所以人们都必须竭尽忠心来事奉居于统治地位的君主。但只要君主能小心戒慎从事，也一定会更加贤明。只要君主能任贤任能，施行仁政教化，广布恩惠德泽，黎民百姓就一定会怀德归顺。因此君主最大的策略，在于如何使仁政施行于四方，宣扬于后代，以保国家长治久安，并光宗耀祖，这也是作为圣明君主的忠贞所在。《诗经》中说："君主以明德事天，天会以多福赐予君主。"

冢臣章第三

【原文】

　　为臣事君，忠之本也，本立而后化成。冢臣于君，可谓一体，下行而上信，故能成其忠。夫忠者，岂惟奉君忘身、徇国忘家、正色直辞、临难死节已矣，在乎沉谋潜运，正国安人，任贤以为理，端委而自化。尊其君，有天地之大，日月之明，阴阳之和，四时之信。圣德洋溢，颂声作焉。《书》云："元首明哉！股肱良哉！庶事康哉！"[1]

【注释】

[1] 此句出于《尚书·益稷》，意思是说君明则臣良，臣良则事康。

【今译】

作为臣子而侍奉君主，最根本的是忠贞，只有以忠贞为本才能教化成功。大臣和一国之君主，是一个不可分割的整体，在下的言行而在上的信任，方能成就在下大臣的忠贞之志。所谓尽忠，不唯独是为君主而舍生忘身、为国家而弃亲忘家、遇事而色正辞直地进谏、君主遭难而以死明节义等，而关键是要替君主筹划并施行治国良策，使国家兴旺百姓安宁，起用贤能之人治理一方，以达到君主垂手而治。大臣尊敬君主，可使皇恩广布天地之间，日月更加明亮，阴阳相互调和，春夏秋冬四时依序运转。一旦君主的圣明之德广泛传播，歌颂赞扬的声音就会四处兴起。《尚书》中说："君主圣明啊！大臣贤良啊！万事安康啊！"

伊尹　商朝成汤时期的名臣，本为陪嫁的媵臣，受到汤的赏识而委以重任。

百工章第四

【原文】

有国之建，百工惟才[1]，守位谨常，非忠之道。故君子之事上也，入则献其谋，出则行其政，居则思其道，动则有仪。秉职不回，言事无惮，苟利社稷，则不顾其身，上下用成，故昭君德，盖百工之忠也。《诗》曰："靖共尔位，好是正直。"[2]

【注释】

〔1〕百工：即百官，谓官数有百，亦泛指众官。

〔2〕此句出自《诗·小雅·小明》，原文为"嗟尔君子，无恒安息。靖共尔位，好是正直。神之听之，介尔景福。"

【今译】

国家设官府置百官，但百官要唯才是任，若百官只身居官位而谨守常规，这并不是尽忠之道。因此君子侍奉在上者时，入其内则进献自己的谋略，出其外则施行在上的仁政，安居则思考治理之道，行动则符合各种仪礼。并且坚守职责不违背成规，谈及事情没有任何畏惧，如果对国家有利，就不顾自己的安危，和上下之人尽心去成就，以此使君主的恩德更加广泛，这才是作为百官的忠贞所在。《诗经》中说："恭敬可以成其位，正直可以献良策。"

守宰章第五

【原文】

在官惟明，莅事惟平，立身惟清。清则无欲，平则不曲，明能正俗，三者备矣，然后可以理人。君子尽其忠能，以行其政令，而不理者，未之闻也。夫人莫不欲安，君子顺而安之；莫不欲富，君子教而富之。笃之以仁义，以固其心；导之以礼乐，以和其气；宣君德以弘大其化，明国法以至于无刑；视君之人，如观乎子；则人爱之，如爱其亲。盖守宰之忠也。《诗》云："岂弟君子，民之父母。"〔1〕

【注释】

〔1〕此句出自《诗·大雅·泂酌》。岂弟：恺悌，和乐简易。

【今译】

　　为官贵在贤明，做事贵在公正，立身贵在清平。清平则无私欲，公正则不曲意承顺，贤明则能匡正风俗，为官者只有具备清平、公正、贤能三项品质，才能治理好一方百姓。为官者竭尽自己的忠心和能力，来推行政策法令，却还未能治理好一方，那是从来没有听说的事。老百姓没有不想安乐的，那当官的就顺着民意让其安乐；老百姓没有不想富裕的，那当官的就设法教导让其富裕。同时还要以仁义使其厚实，借此来稳固民心；以礼乐作为引导，使人知道和睦；并宣扬君主明德来宏大教化，严明国家法令以至不用刑罚；而且对待君主所统治的百姓，就像关照自己的子女一样；如此才能受到人民爱戴，并像爱戴他们的亲人一般。这才是作为一方之官的忠贞所在。《诗经》中说："守官和乐简易，爱百姓如父母爱子。"

兆人章第六

【原文】

　　天地泰宁，君子之德也。君德昭明，则阴阳风雨以和，人赖之而生也。是故祗承君之法度，行孝悌于其家，服勤稼穑，以供王赋，此兆人之忠也。《书》云："一人元良，万邦以贞。"〔1〕

【注释】

　　〔1〕此句出自《尚书·太甲》，原文为："呜呼！弗虑胡获，弗为胡成？一人元良，万邦以贞。"

【今译】

　　普天之下安宁太平，是当官者的贤德所致。只要君主的恩德得以彰明广大，就能阴阳调和、风调雨顺，百姓也赖此而生存。因此百姓一定要尊敬君主并恪守法度，以孝悌之道治家理家，努力劳动搞好生产，为国家勇于纳税，如此才是百姓的忠贞所在。《尚书》中说："君主以善行治理百姓，百姓以忠贞拥戴君主。"

政理章第七

【原文】

夫化之以德，理之上也，则人日迁善而不知。施之以政，理之中也，则人不得不为善。惩之以刑，理之下也，则人畏而不敢为非也。刑则在省而中，政则在简而能，德则在博而久。德者为理之本也，任政非德则薄，任刑非德则残。故君子务于德，修于政，谨于刑。固其忠以明其信，行之匪懈，何有不理之人乎？《诗》云："敷政优优，百禄是遒。"〔1〕

【注释】

〔1〕此句出自《诗·商颂·长发》，原文为"不竞不绿，不刚不柔。敷正优优，百禄是遒。"

【今译】

用德行来教化，是治理的上策，因为人们在不知不觉中一天天改恶从善。实施一些仁政，是治理的中策，因为人们在仁政的引导下而不得不从善。用刑罚来惩处，是治理的下策，因为人们由于畏惧被惩罚而不敢干坏事。用刑罚来治理则在于人们在畏惧中反省、检查，用仁政来治理则在于人们要自己去选择能与不能，用德行来治理则在于人们长期以来受到了博施。德行是治理的根本，施政不讲德行则轻薄，用刑不讲德行则残酷。因此自古以来君子都注重德行的培养，推广仁政，慎用刑罚。只要努力尽忠并光大信任，并坚持不懈地去做，哪还会有不能治理之人呢？《诗经》中说："施以宽和之政令，就聚积各种各样的福禄。"

武备章第八

【原文】

王者立武，以威四方，安万人也。淳德布洽戎夷[1]，禀命统军之帅，仁以怀之，义以厉之，礼以训之，信以行之，赏以劝之，刑以严之，行此六者，谓之有利。故得师尽其心，竭其力，致其命，是以攻之则克，守之则固，武备之道也。《诗》云："赳赳武夫，公侯干城。"[2]

【注释】

[1]戎夷：戎，古代泛指我国西部的少数民族。夷，古代泛指我国东部的少数民族。

[2]此句出自《诗·周南·兔罝》，原句为："肃肃兔罝，椓之丁丁。赳赳武夫，公侯干城。"干城：守卫，捍御。

【今译】

国家之所以要建立军队，目的在于向四方邻邦显威，使百姓们安居。官府要用敦厚的德行对戎夷进行感化，而受命统率军队的将帅对戎夷则要用仁惠来使他们归附，并用恩义鼓励他们，用礼仪训导他们，用诚信教育他们，用封赏激励他们，用刑罚严治他们，推行以上这六种策略，都是有百利而无一害的。因此只要使上下军士尽其忠心，竭其全力，并努力效命，以此军队出战，攻打则获胜，退守则坚固，这就是治军之道。《诗经》中说："雄壮勇武的军队，方能承担捍御重任。"

观风章第九

【原文】

惟臣以天子之命,出于四方以观风,听不可以不聪,视不可以不明。聪则审于事,明则辨于理,理辨则忠,事审则分。君子去其私,正其色,不害理以伤物,不惮势以举任,惟善是与,惟恶是除,以之而陟则有成,以之而出则无怨。夫如是,则天下敬职,万邦以宁。《诗》云:"载驰载驱,周爰谘诹。"[1]

【注释】

〔1〕此句出自《诗·小雅·皇皇者华》,原句为:"我马维驹,六辔如濡。载驰载驱,周爰谘诹。"谘诹(zōu):征求,询问。

【今译】

使臣是奉天子之命,巡回全国各地了解民情的,所以听不可以不聪敏,视不可以不明察。因为听力灵敏则能分清事由,视觉敏锐则能明辨道理,明辨道理才能尽忠,分清事由才能公正。好的使臣做事大公无私,公正处事,不损害公理、毁伤他人,举荐任用也不受势力左右,因此能见善就宣扬,见恶就根除,由于他的作为而得以进升则能成就大事,由于他的作为而被处罚则也无怨无悔。如果都能如此,那么天下所有的人就会各尽其职,国家也就会安宁了。《诗经》中说:"使臣辛苦勤劳的工作,为的是深入了解民情。"保孝行章第十夫惟孝者,必贵于忠。忠苟不行,所率犹非道。是以忠不及之而失其守,匪惟危身,辱其亲也。故君子行其孝必先以忠,竭其忠则福禄至矣。故得尽爱敬之心以养其亲,施及于人,此之谓保孝行也。

保孝行章第十

【原文】

《诗》云:"孝子不匮,永锡尔类。"[1]

【注释】

[1] 此句出自《诗·大雅·既醉》,原文为:"威仪孔时,君子有孝子。孝子不匮,永锡尔类。"锡(xī):与,赐给。

【今译】

孝子的孝行,最重要的是尽忠。如果孝子不做尽忠之事,那其孝行大概也不合道义。因为不尽忠就会失其职守,不但对本人有害,还连累亲人受辱。所以贤明之人行孝是先尽其忠,只有竭其忠心才能有福有禄。因此人们一定要用爱敬之心去侍养父母亲,并将此心施予所有的人,这才叫保守孝行之道。《诗经》中说:"孝子尽其孝诚之心,福禄就会永远伴随。"

广为国章第十一

【原文】

明主之为国也,任于政[1],去于邪,邪则不忠,忠则必正,有正然后用其能。是故师保道德[2],股肱贤良,内睦以文,外戚以武,被服礼乐,堤防政刑,故得大化兴行,蛮夷率服,人臣和悦,邦国平康。此君能任臣,下忠上信之所致也。《诗》曰:"济济多士,文王以宁。"[3]

【注释】

[1] 政:通"正"。

〔2〕师保：古时辅导和协助帝王的官有师有保，统称师保。

〔3〕此句出自《诗·大雅·文王》。文王，指周文王。

【今译】

圣明的君主治理国家，以正直之人为官，并远离奸邪之人。奸邪之人肯定不会为国家尽忠，而为国家尽忠的人肯定是正直之人，只有具备了正直品德才能会有真正的能力。因此师保有道德观念，大臣贤能正直，就能对内教化而和睦，对外用武而归附，使大家知道礼乐，并用政令刑罚设堤预防，达到教化兴旺盛行，周边各族人竞相归服，众官与百姓和悦相处，举国上下安宁康乐。如此这是因为君主能任人唯贤，在下尽忠而在上诚信的缘故。

广至理章第十二

【原文】

古者圣人以天下之耳目为视听，天下之心为心，端旒而自化〔1〕，居成而不有，斯可谓致理也已矣。王者思于至理，其远乎哉！无为而天下自清，不疑而天下自信，不私而天下自公。贱珍则人去贪，彻侈则人从俭，用实则人不伪，崇让则人不争。故得人心和平，天下淳质，乐其生，保其寿，优游圣德，以为自然之至也。《诗》云："不识不知，顺帝之则。"〔2〕

【注释】

〔1〕旒（liú）：古代帝王所戴冕冠上前后垂挂的玉串。

〔2〕此句出自《诗·大雅·皇矣》，原文为："帝谓文王，予怀明德，不大声以色，不长夏以革，不识不知，顺帝之则。"

【今译】

　　古时的圣贤之人以天下所有人的耳目来倾听来察看，以天下所有人的心为公心来体会，因此才有了不教而自化，居于成功而无所不有，这也是达到最完美政治的关键所在。作为君主一心想着并以最完美的政治为准则，那距离最完美的政治就不会太遥远了啊！也就是在上之人无需教化而天下之人自我清静，在上之人不疑惑则天下之人自我诚信，在上之人公正无私而天下之人自我正直。只要在上之人鄙视珍宝那么在下的人们就会不贪财物，在上之人根除奢侈那么在下的人们就会崇俭节约，在上之人大力务实那么在下的人们就会不作假造伪，在上之人崇尚谦让那么在下的人们就会见利不争不抢。因此想使人心和悦平顺，天下所有人淳厚质朴，都能乐其生业，保其寿福，悠闲自得而品德优秀，只有顺其自然而教化才能达到这种程度。《诗经》中说："虽然在不知不觉之中，但也要遵循自然法则。"

扬圣章第十三

【原文】

　　君德圣明，忠臣以荣；君德不足，忠臣以辱。不足则补之，圣明则扬之，古之道也。是以虞有德，咎繇歌之[1]；文王之道，周公颂之[2]；宣王中兴，吉甫咏之[3]。故君子臣盛明之时必扬之，盛德流满天下，传于后代，忠矣夫。

【注释】

　　[1] 虞：即虞舜。咎繇：即舜之臣皋陶，掌管刑法狱讼。
　　[2] 文王：即周文王，姓姬名昌，周武王之父。周公：姓姬名旦，周文王之子，辅佐周武王灭殷纣，建立周王朝，被封于鲁。
　　[3] 宣王：姓姬名静，周厉王之子，在位时用仲山甫、尹吉甫、方叔、召虎等，北伐狁狁，南征荆蛮、淮夷、徐戎。旧史称为中兴。吉甫：即周宣王

卿士尹吉甫。

【今译】

君主之德圣明，忠臣也因此光荣；君主之德残缺，忠臣也因此受辱。若知道残缺而增补完善，那圣明之德就会得到宣扬，这是自古以来的做法。虞舜有圣明之德，咎繇便作诗歌颂；周文王治理有方，周公就大加赞扬；周宣王发奋中兴，尹吉甫以诗咏唱。因此只要国君之德圣明而大臣一定会宣扬，并使圣明之德誉满天下，流芳百世，这就是大臣尽忠的好处。

辨忠章第十四

【原文】

大哉忠之为用也，施之于迩，则可以保家邦；施之于远，则可以极天地。故明王为国，必先辨忠。君子之言，忠而不佞；小人之言，佞而似忠而非，闻之者鲜不惑矣。夫忠而能仁，则国德彰；忠而能知，则国政举；忠而能勇，则国难清。故虽有其能，必由忠而成也。仁而不忠，则私其恩；知而不忠，则文其诈；勇而不忠，则易其乱。是虽有其能，以不忠而败也。此三者，不可不辨也。《书》云："旌别淑慝。"[1]其是谓乎？

【注释】

[1]此句出自《尚书·毕命》，原文为："旌别淑慝，表厥宅里，彰善瘅恶，树之风声。"淑慝（tè）：善恶。

【今译】

人们如果能遇事尽忠，就眼前而言，则可以保家卫国；而从长远看，则可以感天动地。因此圣明的君主治理国家，首先是辨清忠良。贤能之人的言论，忠直而不巧言取宠；奸邪之人的言论，因是花言巧语而看起来既忠且直但事实上并非如此，初听之人没有不被迷惑的。人们若都忠直且能仁义，那国家肯定兴旺；若都忠直且能知礼，那国家的政令肯定能够实施；若都忠直且能勇敢，那国难肯定可以清除。所以说人们即使具备了才能，也只有通过忠直来成就大事。人们若是懂仁义而不忠直，那就会因私利而感恩；若是知礼仪而不忠直，那就会用文字而欺诈；若是只勇敢而不忠直，那就会轻易作乱。所以说人们即使具备了才能，也会因为不忠直而一败涂地。因此忠直与仁义、忠直与知礼、忠直与勇敢之间的关系，不可不分辨清楚。《尚书》中说："善恶既别而任使不谬。"

忠谏章第十五

【原文】

忠臣之事君也，莫先于谏。下能言之，上能听之，则王道光矣。谏于未形者上也，谏于已彰者次也，谏于既行者下也。违而不谏，则非忠臣。夫谏始于顺辞，中于抗议，终于死节，以成君休，以宁社稷。《书》云："木从绳则正，后从谏则圣。"[1]

【注释】

[1] 此句出自《尚书·说命》。后：古代天子和列国诸侯都称后。

【今译】

忠臣侍奉君主，最首要的是诤谏。在下之官能直言诤谏，而在上之人能择善采纳，则可以达到完美的政治。在下对在上的诤谏最好是在事情没办并且未形成损失之前，其次是在已暴露出缺点错误时诤谏，再次是在已造成损失时诤谏。因怕违背在上之意而不敢诤谏，那就不是忠良之臣。忠臣最初诤谏时言辞尚顺情而发,往后便是直言反对,最终是以死相谏,并以此来成就君主之善,使国家安宁。《尚书》中说:"绳直可以正木,忠臣可以正主。"

证应章第十六

【原文】

惟天监人,善恶必应。善莫大于作忠,恶莫大于不忠。忠则福禄至焉,不忠则刑罚加焉。君子守道,所以长守其休;小人不常,所以自陷其咎,休咎之徵也,不亦明哉?《书》云:"作善,降之百祥;作不善,降之百殃。"[1]

【注释】

[1]此句出自《尚书·伊训》,原文为:"惟上帝不常,作善,降之百祥;作不善,降之百殃。"

【今译】

上天监督着人们的作为,善有善报,恶有恶报,皆很灵验。善报中最灵验的莫过于尽忠之事,而恶报中最灵验的也莫过于不忠之事。人们竭尽忠心去做事则福禄不请自到,而做事不竭尽忠心则刑罚会降到其身。贤明之人固守道义,所以能永保善美;奸邪之人没有常心,所以才自陷其咎,善恶吉凶之类报应,不是明摆着的吗?《尚书》中说:"作善事,则吉祥到;做坏事,则灾祸到。"

报国章第十七

【原文】

　　为人臣者官于君，先后光庆，皆君之德，不思报国，岂忠也哉？君子有无禄而益君，无有禄而已者也。报国之道有四：一曰贡贤，二曰献猷[1]，三曰立功，四曰兴利。贤者国之干，猷者国之规，功者国之将，利者国之用，是皆报国之道，惟其能而行之。《诗》云："无言不酬，无德不报。"[2] 况忠臣之于国乎？

【注释】

〔1〕猷（yóu）：谋划。
〔2〕此句出自《诗·大雅·抑》，原句为："言不可逝矣，无言不酬，无德不报，惠于朋友，庶于小人。"

【今译】

　　作为一个在君主手下当官的人，他既可光宗耀祖又可福及子孙，这些都是因为君主的恩德，若再不想着报效国家，哪能叫忠臣呢？贤明之人有的没有俸禄还想着做些对国君有益的事，他们不管是否有俸禄都是如此。作为官员有四种报效国家之道：一是选拔贤能之人并任以职，二是向君主进献谋略，三是建立功勋，四是为国家增加收入。因为贤能之人是国家的栋梁，好的谋略是国家的规则，建立功勋是国家的良将，增加收入是国家的财源，所以这些都是报效国家之道，我们应量力而行。《诗经》中说："每一言要答复，每一德要回报。"

尽忠章第十八

【原文】

　　天下尽忠，淳化行也。君子尽忠，则尽其心，小人尽忠，则尽其力，尽力者则止其身，尽心者则洪于远。故明王之理也，务在任贤，贤臣尽忠，则君德广矣，政教以之而美，礼乐以之而兴，刑罚以之而清，仁惠以之而布，四海之内，有太平焉。嘉祥既成，告于上下，是故播于雅颂[1]，传于无穷。

【注释】

　　[1]雅颂：《诗经》中《雅》与《颂》的合称。《诗经》有六义：风、赋、比、兴、雅、颂，后用以称盛世之乐。

【今译】

　　天下所有人都竭尽忠心办事，那敦厚的教化就会盛行。君子尽忠，在于尽其心之力，小人尽忠，在于尽其身之力，尽其身之力者影响只是本身，而尽其心之力者影响既大且远。因此圣明君主治理天下，首要任务是任贤为官，因为贤明之官尽忠，可以使君主之德更加推广，政教更加完美，礼乐更加兴旺，刑罚更加清简，仁惠更加广大，四海之内，安宁太平。吉祥符瑞已经形成，便可告于天地之神了，因此被载入雅颂之章，得以永远流传下去。

正经

卓鉴第一

【提要】

本卷主要从初入仕途、身居高位、与同僚及上级交往、从政治潮流中激流勇退等四个方面，来谈论从政应具备的远见卓识。

【原文】

目虽明不能见其睫，蔽于近也；登高而望远，视非加察，而捽若指掌。人之识量相万，岂不信欤？懵者暗于当事，智者烛于先机。如鉴所悬，维高莫掩矣。夫前人已事，卓尔有立，其辩妍媸、规得失、料成败，超超乎鉴无遗照者。余不敏，窃愿于此借鉴焉，乏约勖而备论之。

【译文】

眼睛虽然明亮却不能看到自己的眼睫毛，这是由于距离太近而被眼睑遮蔽的缘故；登到高处可以瞭望远方，视力并没有增加，然而看远处的景物却如同看自己的手掌一样清楚。人们认识事物的能力和方法千差万别，难道你不相信吗？愚蠢的人不明白眼前的事物，明智的人却能明察即将发生的事情。这就像明镜一旦高悬，是没有办法可以遮掩住它的光亮一样。前人的经历中，有不少突出事件，他们辨别好坏、区分得失、预测成败，高超得像明镜般一览无余。我愚昧无知，私下里想从前人的事迹中得到借鉴，因而在这里简要列举一些具有启发和帮助意义的事例，进行详细地论述。

【原文】

宋范纯夫言："襄子弟赴官，有乞书于蜀公者，蜀分不许，曰：'仕宦不可广求，人知受恩多，难立朝矣。'"。

【译文】

宋朝的范纯夫说:"过去,蜀公的子弟将要去赴任,向他乞求题字,蜀公拒绝了他,还说:'当官的人不能到处求人,别人知道你受人恩惠多,你就没有办法做好官了,也就很难在官场中立足了。'"

【原文】

汉马援尝谓梁松窦固曰:"凡人贵当可贱,如卿等殆不可复贱,居高坚自持,勉思鄙言。"松后果以贵满致灾,固亦几不免。

【译文】

汉朝的马援曾经对梁松、窦固说:"普通人富贵之后还可再经受得起贫贱,可你们却不可以再过贫贱的生活了,身处高位要牢固地把握住自己。希望你们好好考虑我说的话。"梁松后来果然因为过度受宠信,骄傲自满而招致灾祸,窦固也差一点不能把握住自己。

【原文】

汉建武中,诸王皆在京师,竞修名誉,招游士。马援谓吕种曰:"国家诸子并壮,而旧防未立,若多通宾客,则大狱起矣,卿曹戒慎之。"后果有告诸王宾客生乱。帝诏捕,更相牵引,死者以千数。种亦与祸,叹曰:"马将军神人也!"

【译文】

汉朝建武年间,各诸侯王都住在京城,争着宣扬、树立自己的名声,招揽游侠贤士。马援对吕种说:"朝廷和各诸侯王同时壮大,而原来的防范措施却没有建立起来,如果过多地招揽宾客,那么大的案件就会兴起。你们应该谨慎的戒备。"后来果然有人告发各诸侯王招揽宾客意欲作乱造反。皇帝下令将他们全部逮捕下狱，加上相互牵连告发，被处死的有上千人。吕种也因此而遭受灾祸，他感叹地说："马援将军真是神人呀！"

【原文】

申屠蟠生于汉末，游士汝南。范滂等非评朝政，自公卿以下，皆折节下之。太学生争慕其风，以为文学将兴，处士复用。蟠独叹曰："昔战国之世，处士横议，列国之王，互相拥篲先驱，卒有坑儒焚书之祸，今之谓矣！"乃绝迹于梁砀山间，因树为屋，自同佣人。居二年，滂等果罹党锢，或死或刑，惟蟠超然免于评论。

【译文】

申屠蟠生于汉朝末年，曾在汝南一带游历。当时，范滂等人诋毁朝廷的政事，从公卿以下的官员们，个个都降低身份奉迎跟随。太学生们都争相景仰他们的作风，认为文学即将兴盛，隐士君子将要被起用。申屠蟠独自感叹说："以前战国时代，士子们各自发表议论，各国的帝王，也都互相手持扫帚，清道相迎，最终却引发了焚书坑儒的灾祸。如今的状况也与当时一样。"申屠蟠因此而隐居于梁砀山中，靠着树而盖了个屋子，自己如同佣人一样自耕自食，照料自己的生活。过了两年，范滂等人果然由于聚结朋党而酿成灾祸，有的被处死，有的被刑罚，只有申屠蟠因没有参与对朝政的议论而免于灾难。

辩奸 第二

【提要】

本篇作者根据辨别的难易程度及危害的大小，通过一些实际事例，对于公开作恶的奸人与暗地作奸的两大类奸人依次区分，详加辨别。其中还涉及面对奸恶的立身处世之道。

【原文】

　　太公封于齐，齐有华士者，义不臣天子，不友诸侯，人称其贤。太公使人召之三，不至，命诛之。周公曰："此齐之高士也，奈何诛之？"太公曰："夫不臣天子，不友诸侯，望犹得臣而友之乎？望不得臣而友之，是弃民也；召之三，不至，是逆民也。使一国效之，望谁与为君子？"

【译文】

　　太公被封到了齐地。齐国有位名叫华士的人，不臣服于天子，也不亲近诸侯，人们认为他是个贤人。太公三次派人召他前来，他都不来，于是下令杀他。周公说："他是齐国的一位高士，为什么要杀他呢？"太公说："他不臣服于天子，也不亲近诸侯，难道还能与我友好吗？既然不能指望他与我友好，他就是国家的弃民；我召他三次都没有来，他就是一个忤逆之人。如果全国的人都效仿他，还指望谁能成为正人君子呢？"

【原文】

　　管仲有疾，桓公往问之曰："仲父疾矣，将何以教寡人？"管仲对曰："愿君之远易牙、竖刁、常之巫、卫公子启方。"公曰："易牙烹其子以慊寡人，犹尚可疑耶？"对曰："人之情孰不爱其子也？其子之忍，又何有于君？"又曰："竖刁自宫以近寡人，犹尚可疑耶？"对曰："人之情孰不爱其身也？其身之忍，又何有于君？"公又曰："常之巫审于死生，能去苛病，犹尚可疑耶？"对曰："死生命也，苛病失也，君不任其命，守其本，而恃常之巫，彼将以此无不为也。"公又曰："卫公子启方事寡人十五年矣，以父死而不敢归哭，犹尚可疑耶？"对曰："人之情孰不爱其父也？其父之忍，又何有于君？"公曰："诺。"管仲死，尽逐之。食不甘，宫不治，苛病起，朝不肃。居三年，公曰："仲父不亦过乎？"于是皆复召而反。明年公有病，常之巫从宫出曰："公将以某日薨。"易牙、竖刁、常之巫相与作乱。塞宫门，筑高墙，不通人，公求饮不得；卫公子启方以书社四十下。卫公闻乱，慨然涕出曰："嗟乎！圣人所见，岂不远哉！"

【译文】

管仲生病了，齐恒公前去看望他，说："仲父您有病了，对我有什么教诲的话吗？"管仲说："希望您远离易牙、竖刁、常之巫、卫公子启方。"齐桓公说："易牙烹煮了他的儿子来给我吃，对他还有什么可怀疑的吗？"管仲回答说："从人的情感来说，谁不爱他的儿子呢？既然易牙能忍心烹煮自己的儿子，那么对您还有什么不忍心的事呢？"恒公又说："竖刁甘当太监，来宫中侍奉我，也要怀疑他吗？"管仲说："从感情上来说，谁不爱惜自己的身体呢？他能忍受自宫的痛苦，对国君您还能有什么爱怜呢？"齐恒公又说："常之巫能辨明人的死生，又能治疗疾病，怎么能怀疑他吗？"管仲回答说："人的死生是命中注定，生病是阴阳失调的结果，国君您不听任天命，守其本分，而只听

管夷吾病榻论相

任常之巫,他将会凭着这一点而没什么不敢做的了。"齐桓公又说:"卫公子启方侍奉我已经十五年了,他的父亲去世了,他都不敢回去哭丧,还能够怀疑他吗?"管仲回答说:"从感情上来说,谁不爱他的父亲,对他的父亲尚且能够这样忍心,对您又有什么爱可言呢?"齐恒公说:"对。"管仲死后,齐桓公把易牙等人都驱逐出宫外。这时齐桓公吃饭觉得无味,身体也生病了,国家的大事也混乱了。过了三年,齐桓公说:"仲父的意见不对。"于是把易牙等人又都召了回来。第二年齐桓公有了病,常之巫从宫中出来说:"桓公将要在某一天死去。"易牙、竖刁、常之巫互相勾结造反,他们封了宫门,筑起了高墙,使人无法通行,齐桓公口渴了想喝水都没人给。卫公子启方率领四十书社的人犯上作乱,卫公听说齐国大乱,感慨地流着眼泪说:"唉,圣人所见果然是高远深刻呀!"

【原文】

唐肃宗子,建宁王倓,性英果,有才略,从上自马嵬北行,兵众寡弱,屡逢寇盗。倓自选骁勇居上前后,血战以卫上。上或过时未食,倓悲泣不自胜,军中皆属目向之。上欲以倓为天下兵马元帅,使统诸将东征。李泌曰:"建宁诚元帅才,然广平兄也,若建宁功成,岂使广平为吴泰伯乎?"上曰:"广平,冢嗣也,何必以元帅为重?"泌曰:"广平未正位东宫,今天下艰难,众心所属,在于元帅,若建宁大功既成,陛下虽欲不以为储副,同立功者,其肯已乎? 太宗太上皇,即其事也。"上乃以广平王为天下兵马元帅,诸将皆以属焉倓闻之谢泌曰:"此固倓之心。"

【译文】

唐肃宗的儿子建宁王倓,性情英明果断,有雄才和谋略。跟从皇上从马嵬向北行,兵众少而且都是老弱,常常遇上贼寇。倓挑选了一些骁勇善战的士兵，经常护卫在皇上的前后，拼死来保卫皇上。皇上有时过了吃饭的时间还没有吃饭，倓便悲痛哭泣，以至于自己都不能控制。军中的人都用眼睛看着他。皇上想要让倓做天下兵马大元帅，带着将士东征。李泌说："建宁王确实有元帅的才干，但广平是兄长，如果建宁功成，难道要使广平成为吴泰伯一样的出逃者吗？"皇上说："广平是皇位继承人，何必看重元帅这一官位？"李泌说："广平还没有正位东宫，如今天下没有平定，大家心里都很在意兵马元帅这一职位。如果建宁大功告成，陛下您虽然不想把他作为君位的继承人，但与他一同立功的那些将士，肯答应吗？太宗、太上皇，就是例子。"皇上于是就任用广平王做天下兵马元帅，诸将都归他统领。建宁王倓知道这事以后，很感谢李泌，说："这也正是我心里想的啊！"

【原文】

　　明少保胡世宁，为左都御史掌院事，时当考察，执政请禁私谒。公言："臣官以察为名，人非接其貌，听其言，无以察其心之邪正，才之长短，若摒绝士夫，徒按考语，则毁誉失真，而求激扬之当，难矣！"上是其言，不禁。

【译文】

　　明少保胡世宁为左都御史执掌院事。当时正要对官员们进行考察，执政官要求他禁绝私人之间的拜访。他说："我是监察官，去考察一个人时，若不看他的相貌，不观察他的行为举止，不听他谈话，就没有办法考察出他心术的邪正，才能的大小。如果禁止接触那些官员，只按考语评定，对该批评的该表扬的，反映出的情况未必真实，要求做得十分恰当是很难的。"皇上认为他说得对，于是不再禁止私人拜访。

【原文】

　　曹魏时，何晏、邓飏、夏侯元并求傅嘏交，而嘏终不许，诸人乃因荀粲说合之，谓嘏曰："夏侯太初，一时之杰士，虚心于子，而卿意怀不可交，合则好成，不合则致隙，二贤若睦，则国之休，此蔺相如所以下廉颇也。"傅曰："夏侯太初，志大心劳，能合虚誉，诚所谓利口覆国之人。何晏、邓飏，有为而躁，博而寡要，外好利而内无关钥，贵同恶异，多言而妒前。多言多衅，妒前无亲。以吾观之，此三子者，皆败德之人尔，远之犹恐罹祸，况可亲之耶？"后皆如其言。

【译文】

曹魏时，何晏、邓飏、夏侯元都想和傅嘏交朋友。而傅嘏始终不答应。几个人便通过荀粲进行说合。荀粲去对傅嘏说："夏侯太初，是当今的豪杰之士，对您表示虚心，但您不愿和他结交。假如你们相互结交，一切事情便能好办，你们如果不交结，那就容易让别人钻空子。你们二人如果关系和睦，那便是国家的幸事。这就是蔺相如对廉颇表示谦让的原因。"傅嘏说："夏侯太初，志向很大，劳心费神，喜好虚名荣誉，确实是只靠一张利嘴便可以颠覆一个国家的人。何晏、邓飏，有点作为，然而性格急躁，虽然博学但却不得要领，好追求私利，内心不了解事物的关键、要领，对与自己观点、志趣相同的人赞赏，而厌恶不同于自己观点、志趣的人，说话太多又容易忌妒别人。爱好多说，带来的祸患就会多。忌妒别人，就会没有人亲近。我认为这三个人都是道德败坏的人，疏远他们，都担心受他们牵累遭到祸患，更不用说亲近他们了！"后来的情况，都如傅嘏所说的那样。

【原文】

宋神宗时，王安石行新法，任用新进，司马温公贻以书曰："忠信之士，于公当路时，虽龃龉可憎，后必得其力；谄谀之人，于今诚有顺适之快，一旦失势，必有卖公以自售者。"已而吕惠卿代安石为相，果如温公言。

【译文】

宋神宗的时候，王安石推行新法，提拔任用了一些新人。司马温公给他写信说："讲忠信的人，在您掌权的时候，虽然彼此合不来，让您觉得可恨，今后必然会得到他的帮助。谄谀奉承的小人，如今确实对您的政策表示顺从，一旦您失势，必然会出卖您，来表现自己，邀功请赏。"后来吕惠卿代替王安石做了宰相，情况确实如温公所说的那样。

藏锋第三

【提要】

本卷将通过一些实际的事例，主要从：一、在仕途上图谋进取时的深藏不露；二、得势显赫时隐忍避祸；三、以及坚守节操与隐藏机锋的关系；四、选拔和使用人才等四个方面来论述藏锋的妙用。

【原文】

宋曹玮久在秦州，累章求代。真宗问王旦谁可代者，旦荐李及，上从之。从咸谓及虽谨厚有行检，非守边才。杨忆以众言告旦，旦不答。及至秦州，将吏心亦轻之。会有屯驻禁军白昼掣妇人银钗于市，吏执以闻。及方观书。召之使前，略加诘问，其人服罪。及不复下吏，亟命斩之，复观书如故。将吏俱惊服，不日声誉达京师。忆闻之复见旦曰："向者相公初用及，外廷之议，皆恐及不胜其任，今及才器乃如此，信乎相公知人之明也。"旦笑曰："外廷之议何浅也！夫以禁军戍边，白昼为盗于市，主将斩之，事之常也。旦之用及者，非为此也。夫以玮知秦州七年，边服尤入羌境之事，玮处之已尽其宜矣。使他人往，必矜其才能，多所变置，败纬成绩。且所以用及者，以及重厚，必能谨守玮之规模而已。"忆由是服旦之识。

【译文】

宋朝时，曹玮在秦州担任州官时间太久，多次上书请求派人接替。宋真宗问王旦谁可以替代，王旦推荐了李及，宋真宗同意了。大家都认为李及虽然为人忠厚而且行为检点，但并非戍守边疆的人才。杨忆把大家的这番议论告诉了王旦，王旦没有回答。

李及到秦州上任后，将士、官吏都轻视他。这时正赶上驻守的军队中，有人白天在大街上从妇女头上拔银钗。官吏们把这人捉住并告诉了李及。李及正在看书。听到这事后，把这个人叫来，略加盘问。这人也供认罪行。李及没有和下面官吏打招呼，马上下命令杀头，然后又像刚才一样看书。这件事使将士和官吏们都很震惊、佩服。没过几天，李及的声名传到了北京。杨忆也听到了，去见王旦，并说："过去你任用李及时，朝廷外面议论他不能胜任。现在李及有如此才能，人们这才相信您的知人善任了。"王旦笑着说："朝廷外面的议论实在是浅陋，军队戍守边防，有人大白天在街市上抢劫，州官将其斩首，这是非常普通的事。我王旦任用李及不是因为这种事。曹玮治秦州七年，能够把边境的少数民族治服。假使派别人去，认为自己有才能，办事多有变化，以致败坏曹玮的成绩。我任用李及的原因，在于李及的忠诚老实，能严格地按曹玮的规矩办事罢了。"杨忆由此佩服王旦的见识。

【原文】

宋杜祁公有门生为县令，戒之曰："子之才器，一县令不足施，然切当韬晦，无露圭角，毁方瓦合，求合于中可也,不然无益于事,徒取祸耳。"门生曰:"公生平以直亮忠信取重天下,今反诲某以此,何也?"公曰:"衍历仕多,历年久,上为帝王所知,次为朝野所信,故得以申其志。今子为县令,卷舒休戚,系之长吏,夫良二千石者固不易得,若不见知,子乌得以申其志,徒取祸耳。予故以是为子勖也。"

【译文】

宋朝时,杜祁公有个学生担任县令,杜祁公告诫他说:"以你的才能,区区一个县令不足以施展你的才干。但是你应当隐匿声迹,不要自我炫耀,锋芒毕露。要毁屈自己玉圭般的棱角,与瓦器般的众人相融合,只求马马虎虎求得中等程度就行了,不然的话,对什么都没有好处,只能招致祸患。"学生说:"您有生以来凭着自己的耿直、光明正大、忠厚老实以及讲信用来赢得天下人的敬重,现在反而用这些话来告诫我,这是什么原因?"杜祁公说:"我一生所任的官职多,时间长,上面被皇上所知,下面被朝野之人所信任,所以才能施展自己的抱负。而今你做了县令,喜乐忧虑,都掌握在上级长官手中,像二千石那样的官位对你来说也是不容易得到的。如果不被上级长官了解,你怎么能够实现自己的抱负?只不过白白地招来祸事罢了。因此我把这些话作为对你的勉励。"

【原文】

唐武攸绪,后族也,则天称制改号,封为平安王。嗣圣十三年,弃官隐于嵩山之阳,优游岩壑,冬居茅椒,夏居石室,太后所赐服器,

武则天

皆置不用，买田使奴耕种，与民无异。

【译文】

唐朝的武攸绪是武后的同族人，武则天登上了皇位改换了年号后，把他封为平安王。嗣圣十三年，武攸绪放弃官职隐居在嵩山的南面，经常游历在名山大川之间。冬天住茅屋，夏天住石洞。武则天赏给他的服饰、器具都放着不用。买下了田地，给佣人耕种，他本人和普通百姓没有什么分别。

【原文】

宋狄青奉命征侬智高，谏官韩绛请以侍从文臣为之副，时庞籍独为相，对曰："属者王师屡败，皆由大将轻偏裨自用不能制也，青起于行伍，若以侍从之臣副之，号令复不得行。青沉勇有智略，专以委任，必能办贼。"诏从之。

【译文】

宋朝的狄青奉命去征讨侬智高，谏官韩绛提出让文臣给他当副将。当时，只有庞籍一人担任宰相。他说："过去，朝廷的军队屡屡打败仗，都是由于主将轻视副将，自以为是，并不能起到彼此牵制的作用。狄青是行伍出身，如果让一侍从之人当副将，命令还是不能执行。狄青沉着勇敢，有智慧谋略，把这件事专门交给他，必然能够惩治贼人。"皇帝下了诏书，同意这样做。

【原文】

明杨文定公溥执政时，其子自乡来省，至京邸，公问曰："一路守令闻孰贤？"其子曰："儿道出江陵，其令殊不贤。"曰："云何？"曰："待儿苟简。"于以见之，令乃天台范理也，文定默识之，即荐升德安府知府，甚有惠政，再擢为贵州左布政使。或劝范当致书谢公，范曰："宰相为朝廷用人，非私理也，何谢？"竟不致一书。逮后文定卒，乃祭而哭之，以谢知己云。

【译文】

明朝的文定公杨溥执政时，他的儿子从家乡来探望他，到了京城寓所，文定公问他的儿子说："你一路上听说哪个太守或县令好一些？"儿子回答说："我途经江陵，那里的县令非常不好。"杨文定问："为什么这么说呢？"儿子回答说："他招待我特别简单。"于是杨文定要见这个官员，一看原来是天台范理，杨文定暗暗记住了他。后推荐提拔他为德安府知府，由于政事办理得非常好，又被提升为贵州左布政使。有人劝范理应当写封信谢谢杨公。范理说："宰相为朝廷招用人才，不是他自己的私事，谢什么？"最终范理一封信也没有给杨文定写过。后来，杨文定去世了，范理去祭奠他，痛哭了一场，谢了文定公的知遇之恩。

【原文】

北史吐谷军阿柴，疾。有子二十人，召母弟慕利延曰："汝取一只箭折之。"慕利延折之。又曰："汝取十九箭折之。"慕利延不能折。阿柴曰："汝曹知乎？单者易折，众者难摧，戮力同心，然后社稷可固。"

【译文】

《北史·吐谷浑列传》记载，吐谷浑阿柴生了病。他有二十个儿子，一天，他把同母弟弟慕利延叫来说："你取一支箭把它折断。"慕利延取了一支箭把它折断了。阿柴又说："你取十九支箭，再同时把它们折断。"慕利延不能把十九支箭折断。阿柴说："你们知道吗？一支箭是很容易折断的，而箭多了就不容易折断。你们只要齐心协力，那么国家就可以稳固。"

【原文】

唐制尚书令史，得不宿外，夜则锁之。韩愈为吏部侍郎，乃曰："人所以畏鬼，以其不见鬼；如可见，则人不畏矣。选人不得见令史，故令史势重，任其出入则势轻。"自后乃不复禁。

【译文】

唐朝的官制规定，尚书令史不能在外住宿，于是，一到晚上就把他们锁起来。当时韩愈担任吏部侍郎，他说："人们害怕鬼的原因，是因为他们看不到鬼。如果人们经常看到鬼，那么他们也就不惧怕鬼了。选拔的官吏见不到尚书令史，所以令史的权力很大。如果任凭他们自由出入，那么他们的权力自然就会变小。"自从韩愈说了这话以后，令史的出入不再受到限制。

【原文】

元巴东僧得一青瓷碗，携归折花供佛前，明日花满其中；置少米，经宿米亦满；银及钱皆然，自是院中富盛。院主年老，一日取碗掷于江，弟子惊愕，师曰："吾死汝辈宁能谨饬乎？弃之不使汝辈增罪也。"

【译文】

元朝时，巴东的和尚得到了一个青瓷碗，带回去后插上花供奉在佛像前。第二天碗中的花满了。他在碗中放了少许米，经过一夜的时间，碗里的米也满了。放上银子和钱，也是这样。从此巴东和尚主持的寺院非常富有。巴东和尚年老了，一天他把这只碗掷于江中，他的弟子都非常惊奇。巴东说："我死了以后，你们依靠这只碗发财的做法还能够节制吗？我现在把它扔掉，就是为了不使你们增加罪过罢了。"

【原文】

宋李太宰邦彦，起家于银工。既贵，其母尝语昔事，诸孙以为耻。母曰："宰相家出银工则可耻，银工家出宰相，正为嘉事，何耻焉？"

【译文】

宋朝的太宰李邦彦，出身在一个银匠家庭。在他显贵以后，他的母亲常常提起从前的事。家里的孙辈们都以过去的出身为耻辱。邦彦的母亲则说："宰相家出银匠才可耻呢，银匠家里出宰相，正是好事，有什么可耻的？"

【原文】

宋曹武惠王既下金陵，降后主，复遣还内治行。潘美忧其死不能生致也，止之。王曰："吾适受降，见其临渠犹顾左右扶而后过，必不然也。且彼有烈心，自当君臣同尽，必不生降，既降而又安肯死乎？"

曹彬

【译文】

北宋的曹武惠王已经攻克金陵，降服了南唐后主，就让他回宫准备行装，准备押回宋都。潘美恐怕他回宫后自杀，不能生擒到宋都，就阻止这样做。武惠王说："我刚才接受他投降的时候，看见他临近水渠时还回头看身边的随从，然后就有人来扶着他过了水渠。他肯定不会自杀。再说，如果他有刚烈之心，在破城时就应当君臣同归于尽了，也不必活着投降。现在已经投降了，又怎么会去自尽呢？"

【原文】

吴丹阳太守李衡,数以事侵琅琊王,其妻习氏谏之不听。及琅琊王即位,衡忧惧不知所出。妻曰:"王素好善慕名,方欲自显于天下,终不以私嫌杀君明矣。君宜自囚诣狱,表列前失,明求受罪。如此当逆见优饶,非止活也。"衡从之。吴主诏曰:"丹阳太守李衡,以往事之嫌自拘,司狱其遣衡还郡。"

【译文】

吴国丹阳太守李衡,多次因事冒犯琅琊王,他的妻子习氏多次劝阻他,他都不听。后来琅琊王做了国君,李衡忧虑害怕,不知该怎么办。他的妻子说:"琅琊王平常喜欢有个好名声,现在他做了国君,正是要向天下宣扬自己名声的时候,肯定不会因私人的仇怨而杀掉你,这是很明显的。你现在应该自动提出把自己囚禁起来,然后说明自己多次冒犯琅琊王的情况,表明你甘愿接受惩罚。这样虽然以请求治罪的名义要求国君接见,结果必然会受到国君的优待,不会把你杀掉的?"李衡听从了妻子的建议。果然,吴君宽容地说:"丹阳太守李衡,因为以前冒犯的事主动要求治罪,你们负责审理案件的官员,还是应当让他回到丹阳郡仍做太守。"

【原文】

明分宜严相,以正月二十八日诞。亭州刘巨塘,令宜春时入觐,随众往祝。祝后严相倦,其子世蕃令门者且阖门,刘不得出,饥甚。有严辛者,严氏纪纲仆也,导刘往闲道过其私居,留刘公饭,饭已,辛曰:"他日愿台下垂目。"刘公曰:"汝主正当隆赫,我何能为?"辛曰:"日不常午,望台下无忘今日之托。"不数年,严相败,刘公适知袁州,辛方以赃二万滞狱。刘公忆其昔语,为减赃若干,始得戍。

【译文】

明朝分宜人宰相严嵩,在正月二十八日这天过生日。亭州刘巨塘任宜春县县令时,要去拜见严嵩,就随大家一块前去拜寿。祝贺完毕,严嵩有些疲劳,他的儿子严世蕃就命令守门人关闭了相府大门。刘巨塘出不去,肚子又特别饥饿。当时有个名叫严辛的人,是严纪纲的仆人。他领着刘巨塘顺着偏僻的小路来到自己的住处,留刘巨塘吃饭。吃完饭,严辛就说:"日后希望您多加照顾。"刘巨塘说:"您的主人正当显赫,我还能做什么呢?"严辛说道:"太阳不会永远像在中午时那样光亮。希望您不要忘记我今日的拜托。"没过几年,严嵩倒台。当时刘巨塘已是袁州知府,严辛正好因贪赃二万银两被扣押在狱中。知府刘巨塘念起他昔日的相托,定罪时就替他减去赃款若干,只得到了戍守边疆的惩罚。

远虑第四

【提要】

本卷将从个人行为与国家政策两个角度,分正常状态与特殊情况两个方面,来谈论施政的各方面及主要环节的深谋远虑问题。

【原文】

为一身计者,谋止一身;为一家计者,谋止一家;为天下计者,谋及天下。若夫一日之纬画,终身用之,数世赖之,则故非衰衰小知之所及矣。《语》曰:"人无远虑,必有近忧。"《诗》曰:"远猷唇告,盖以见目前之不可狃也。"

【译文】

　　为个人打算的人,只能考虑到自身的利益。为一家人打算的人,只会考虑到家庭的利益。为天下人打算的人就会为整个天下的利益着想。至于说到一日的谋划,而终身都要受用,甚至几代都要依赖它,那本来就不是略微有点小智谋的人所能达到的了。俗话说:"人无远虑,必有近忧。"《诗经》上也说:"长远的打算要随时告诫,这些都看出人不要只贪图眼前的利益。"

【原文】

　　齐人攻鲁国单父,单父之老请曰:"麦已熟矣,请任民出获,可以益粮,且不资寇。"三请而宓子不许。俄尔齐寇逮于麦,季孙怒,使人让之。宓子蹙然曰:"今兹无麦,明年可树,若使不耕者获,是使民乐有寇,夫单父一岁之麦,其得失于鲁不加强弱,若使民有幸取之心,其创必数世不息。"季孙闻而愧曰:"地若可入,吾岂忍见宓子哉!"

【译文】

　　齐国人进攻鲁国的单父地区。单父地区的年长者请求说:"麦子已经熟了,请让百姓出去收割,可以增加战前的粮食储备,还不会被敌人抢去。"请求了三次,单父的长官宓子没有允许。没有多久,齐国贼寇已经接近麦田,季孙发了怒,派人去责备宓子。宓子皱了一下眉头说:"今年没有麦子,明年还可以种。假如让不耕种土地的百姓收了去,百姓就会乐于有贼寇来。单父一年种植的小麦,收或不收对于鲁国来说,没有什么。假如使百姓有了侥幸获得的心理,那种祸患几代也不能停息。"季孙听了以后惭愧地说:"地要是能钻进人去,我就钻进去,我难道还忍心再见宓子!"

【原文】

鲁国之法，鲁人为人臣妾于诸侯，有能赎之者，取金于府。子贡赎鲁人于诸侯，而让其金。孔子曰："赐失之矣。夫圣人之举事，可以移风易俗，而教道可施于百姓，非独适已之行也。今鲁国富者寡，而贫者多，取其金，则无损于行；不取其金，则不复赎人矣。"子路拯溺者，其人拜之以牛，子路受之。孔子喜曰："鲁人必多拯溺者矣。"

子路

【译文】

鲁国的法律规定，凡是鲁国女子在诸侯国做了人家的臣妾，谁要是能把他们赎回来，可向府中领取酬金。子贡从诸侯国赎回多人，却没有领取这种酬金。孔子说："子贡的这种做法是不正确的，圣人办事情，是用来让它移风易俗的，那种教化的道理要让老百姓知道，不光是自己认为适合自己个人的品德就行了。现在鲁国富人少，穷人多，子贡就是收了酬金，对自己的品行也没有什么损失。如果不收取酬金，那么以后再也没有人去赎人了。"子路救了个溺水的人，那人给他一头牛作为酬谢，子路收下这礼物。孔子知道这件事以后，高兴地说："这一下鲁国拯救溺水的人，必定会多起来。"

子贡

【原文】

汉班超久于西域，及召还，以戊巳校尉任尚代之。尚谓超曰："君侯在外域三十余年，而小人猥承君后，任重虑浅，宜有以诲之。"超曰："塞外吏士，本非孝子顺孙，皆以罪过徙补边屯；而蛮夷怀鸟兽之心，难养易败。今君性严急，水清无鱼，察政不得下和，非幸也，宜荡佚简易，宽小过，总大纲而已。"超去后，尚私谓所亲曰："我以班君尚有奇策，今所言平平耳。"尚留数年而西域反叛，如超所戒。

【译文】

汉朝的班超在西域任官很久，等到他被召回时，朝廷就让戊巳校尉任尚代替了他。任尚对班超说："您在西域三十多年，现在我接替您的工作，任务非常繁重，但我想得不周到，您应该有话教导我。"班超说："塞外的官民本来不是孝子贤孙，都是因为有罪过而被迁移边疆的。而匈奴如鸟兽般粗鲁野蛮，难于教养又容易坏事。现在您性格严厉而又急躁，水清则无鱼，政事太明察就不会得到下边人的融合，这样做是不好的。应该放宽一些，不要太计较小的过错，要从大局着想。"班超离开以后，任尚对他亲信的人说："我以为班超有什么奇谋妙策，现在从他的话看来，也是平平淡淡的，没有什么了不起。"任尚在西域待了几年以后，西域反叛了。实际正如班超告诫的那样。

【原文】

后唐郭崇韬，素廉，自从入洛，始受四方贿遗，故人子弟，或以为言。崇韬曰："吾位兼将相，禄赐巨万，岂少些哉？今藩镇诸侯，多梁旧将，皆主上斩祛射钩之人，若一切拒之，能无疑骇？"明年天子有事南郊，崇韬悉献所藏，以佐赏给。

【译文】

后唐郭崇韬，一向廉洁。自从到了洛阳以后，开始收受各地赠送的贿赂。过去的朋友和自己的子弟都来规劝他。崇韬听了以后说："我是将相的身份，俸禄、赏赐上万，难道就缺少人们送的这点财物吗？如今藩镇诸侯多数是后梁的旧将，都是和皇上打过仗的，如果对他们的贿赂全部拒绝，他们能不疑虑担心吗？"第二年，天子在南郊有战事，郭崇韬把所收藏的东西全部献了出来，用来资助天子。

【原文】

明天顺中，朝廷好宝玩。中贵言宣德中，尝遣太监三宝使西洋，获奇珍无算。帝乃命中贵至兵部查三宝至西洋水程。时刘大夏为郎。尚书项公忠，令都吏简故牒，刘先简得匿之，都吏简不得，复令他吏简，项诘都吏曰："署中牍万得失。"刘微笑曰："昔下西洋费钱谷数十万，军民死者亦此计焉，一时弊政，牍即存尚宜毁之，以拔其根，犹追究其有无耶？"项竦然，再揖而谢，指其位曰："公达国体，此不久属公矣。"

【译文】

明朝英宗天顺年间，皇上爱好宝石古玩。有个宦官说宣德年间，曾经派遣太监三宝下西洋，获得许多奇珍异宝。皇帝于是命令宦官到兵部去查三宝下西洋时水路有多远。当时刘大夏是兵部的郎官。兵部尚书项忠命令都吏从旧的文书当中寻找。刘大夏最先找到并藏了起来。都吏找不到，又命令别的官吏去找。项忠询问都吏说："官署中的文书有丢失的吗？"刘大夏微笑着说："过去下西洋，耗费钱谷数十万，军民死去的也得用这个数计算，这是那时的弊政，文书即使现在还保存着，也应该毁掉它，以除掉弊政的根源，你还追究那文书有没有干什么？"项忠肃然起敬，再次作揖而谢，并指着他的尚书的位置说："您通达国家大体，这位置不久就属于您了。"

【原文】

宋靖康中，都城受围，器甲刓敝，或言太常寺有旧祭服数十间，可以藉甲。少卿刘钰，具稿以献。有老吏故脱误其稿，至于三，钰怒责之，吏曰："非敢误也，小人窃有管见在：礼祭服敝，则焚之。今国家诚迫急，然容台之职，惟当秉礼，不如俟朝廷来索纳之，犹贤于背礼而自献也。"钰愧叹而止。

【译文】

宋朝靖康年间，都城受到围攻，兵器铠甲都损坏了。有人说太常寺有几十间房屋的旧祭服，可以用来充当铠甲。少卿刘钰写好了清单，准备把它献上去。有个老年官吏故意把清单写错了三次，刘钰发怒了，斥责了那个老吏。老吏说："我本来不敢误写，但是小人私下有一点小小看法，按照礼法，祭服破旧就得焚烧了。现在国家确实紧急。可是你的职责是按礼法办事，不如等朝廷来索要时，再交给他，这要比违背礼法而自己主动献上去要好一些。"刘钰听了老吏的话以后，感到非常地惭愧，于是终止了这件事。

【原文】

宋祥符中，天下大蝗，真宗使人于野得死蝗以示大臣。明日宰相有袖蝗以进者，曰："蝗实死矣，请示于朝，率百官贺。"王旦独以为不可。后数日方奏事，飞蝗蔽天，真宗顾公曰："使百官方贺而蝗如此，岂不为天下笑耶！"

【译文】

北宋真宗祥符年间，天下发生蝗灾。真宗派人在田野里捡了一些死蝗虫，让大臣们看。第二天，宰相在袖子里装着蝗虫让皇上看，并说："蝗虫的确是死了，请告示朝中人，应带领百官祝贺。"只有王旦一个人认为这样做是不可以的。过了几天，有人向皇上启奏说，飞来的蝗虫遮天蔽日，宋真宗回头看了一下王旦说："假使百官正在祝贺蝗灾已灭，但是蝗虫却遮天盖日的飞来飞去，这岂不叫天下人取笑？"

【原文】

宋真宗朝，契丹请岁给外，别假钱币，上以示王旦。旦曰："东封甚迫，车驾将出，以此探朝廷意耳，可于岁给三十万外，各借三万，仍谕次年额内除之。"契丹得知大惭，次年复下有司，契舟所借金帛六万，事属微末，仰依常数与之，今后永不为例。

【译文】

宋朝真宗时，契丹请求每年除了给他们一定数量的钱币外，另外又提出要借一些钱帛。皇上把这事告诉王旦，王旦说："契丹东部的疆土情况紧急，战事一触而发。他们想用借钱帛的这种办法探听朝廷的意图。可在每年给三十万以外，再各借给三万，告诉他们，要从第二年的额定三十万内扣除。"契丹得到所借钱帛，非常惭愧。第二年又告诉有关官员，契丹所借金帛六万，是一件平常小事,不必扣除,每年的钱币按照常数给他,但今后永远不许再这样了。

【原文】

明英宗召刘大夏谕曰:"事有不可每欲召卿商榷,又以非卿部内事而止,今后有当行当罢者,卿可以揭帖密进。"大夏对曰:"不敢。"上曰:"何也?"大夏曰:"先朝李孜省可为鉴戒。"上曰:"卿论国事,岂孜省营私害物者比乎?"大夏曰:"臣下以揭帖进,朝廷以揭帖行,是亦前代斜封墨勅之类也。陛下所行,当远法帝王,近法祖宗,公是公非,与众共之,外附之府部,内咨之一臣可也。如用揭帖,因循日久,视为常规,万一匪人冒居要职,亦以此行之,害何可胜言?此甚非所以为后世法,臣不敢效顺。"上称善久之。

【译文】

明英宗召唤刘大夏前来,告诉他说:"有些事情我无法决定的时候,往往想同你商定,但又因为不是你们兵部内的事所以就没有与你商议,今后遇有可以做也可以不做这样犹豫不决的事,你可以用揭帖的形式秘密的呈送给我。"刘大夏回答说:"我不敢这样做。"皇上问:"为什么呢?"刘大夏回答说:"先朝李孜省的事可以作为鉴戒。"皇上说:"你议论国事,岂能与营私害人的李孜省相提并论?"刘大夏说:"我要是给皇上送揭帖,朝廷就会按揭帖去做事,这就同前代'斜封墨敕'相类似。皇上您做事,应当效法古代帝王和近世列祖列宗,是是非非,应该同大臣们的意见取得一致。朝外的事由各府部办理,朝内的事只要咨询具体负责的某一大臣就可以了。如果采用揭帖,按照这个方法运作的日子一久,就会成为常规惯例。万一奸邪之人担任这一要职,也采用这种办法,祸害哪能说得尽呢?这是最不应该让后世效法的做法,臣下不敢按皇上要求的那样去做。"皇上称赞他善于从长远考虑。

周详第五

【提要】

本卷所列举的事例,涉及了国政、外交、应变、处世,以及防奸、除奸和用人等各个方面周密细致的考虑。

【原文】

西夏赵德明求粮万斛,王旦请敕有司具粟京师如数,而诏德明采取。德明大惭曰:"朝廷有人。"乃止。

【译文】

西夏的赵德明向北宋朝廷索要粮食一万斛,宰相王旦命令相关部门在京城把粮食如数准备好,然后要赵德明来取。赵德明非常惭愧地说:"朝廷中还是有能人啊!"于是没有取粮。

【原文】

宋狄青击败侬智高,既入邕朔,敛积尸内,有衣金龙衣者,又得金龙楯于其旁,或言智高已死,当亟奏。青曰:"安知非诈?宁失智高,敢欺朝廷耶?"

【译文】

宋朝的狄青打败了侬智高,军队已经进入邕州城地界,收拾堆积的敌军尸体时,遇到了一具穿着金龙衣的尸体,又在他的旁边拾得一只金龙盾。有人说侬智高已经死了,应当及时奏报皇帝。狄青说:"谁能知道这是不是欺诈呢?宁可失去侬智高,我们也不敢欺骗朝廷啊!"

【原文】

宋李允则，尝宴军，而甲仗库火。允则作乐饮酒不辍，少顷火息，密遣吏持檄瀛州，紧茗笼运器甲，不浃旬军器完足，人无知者。枢密院请劾不救火状，真宗曰："允则必有谓，姑诘之。"对曰："兵械所藏，儆火甚严，方宴而焚，必奸人所为，若舍宴救火，事当不测。"

【译文】

宋朝的李允则有次宴请军队的士官时，军械库失火了，但李允则仍然饮酒不停。不多一会儿，火熄灭了。他秘密地派遣官员带了文书到瀛州，用茶笼装运兵器铠甲。用不了十天，军器准备得很充足，但谁也不知道这件事。枢密院要求揭发他不救火的罪状。宋真宗说："李允则一定会做解释，就去问问他吧！"允则说："储藏兵械的地方，防火很严，正在宴会的时军械库起火，这一定是坏人的阴谋。如果停止宴会去救火，一定会出现料想不到的问题。"

【原文】

唐严震，镇山南，有一人乞钱三百千去过活，震召子公弼等问之。公弼曰："此患风耳，大人不足应之。"震怒曰："尔必坠吾门，只可劝吾力行善事，奈何劝吾吝惜金帛，且此人不办，向吾乞三百千，的非凡也。"命左右准数与之。于是三川之士，归心恐后，亦无造次过求者。

【译文】

唐朝的严震镇守山南道时，有一人向他要钱三十万去谋生。严震叫来自己儿子公弼等人问这件事。公弼说："这样的风气很不好，大人不值得答应这事情。"严震听后，有些愤怒，说："你必然败坏我的门风，你只可劝我尽力做好事，为什么劝我吝惜钱财？而且这个人没有办法了才向我乞求三十万钱，的确不是平常人。"说着，命身边的人按数给他。此后，三川名士，都争先恐后地投奔严震，也没有出现随便乱要，表现过分的人。

【原文】

宋真宗朝，唃厮罗与元昊交兵，使来献捷，执政以夷狄相攻，中国之福。议加唃厮罗节度使，韩意独不可，曰："二族具藩臣，当谕使解仇释憾，以安远人，且元昊尝赐姓，今彼攻之，而反加恩赏，恐徒激其怒，无益也。而且生边患，谋国福者不当如是。"乃厚赐其使而遣之。

【译文】

宋真宗的时候，唃厮罗与元昊交战。唃厮罗战胜了元昊，派使者向宋朝报捷。宋朝执政的人说："夷邦之人互相攻打，是中原的福气。"他们商议要加封唃厮罗为节度使，惟独韩亿一人认为不可。他说："二族都是藩臣，应当告诉他们，使其解仇释怨，使边远地区的人民得以安居乐业，而且我们还曾经给元昊赐过姓，现在唃厮罗攻打元昊，我们再给唃厮罗赏赐加封，这样做只能激起元昊的愤怒，一点儿好处也没有。而且还会引起边境的祸患。为国家利益打算的人不应该这样。"于是赠送使者厚礼，让他回去了。

【原文】

宋皇祐四年，侬智高陷宾州。交趾请出兵助讨，于靖为闻于朝，狄青曰："假兵于外以除内寇，非吾利也，一智高横践二广，力不能制，倘蛮兵贪得无厌，因而起乱，何以御之？愿罢交趾助兵。"

帝从之。

【译文】

北宋仁宗皇祐四年，侬智高攻陷宾州。交趾请求帮助宋国讨伐侬智高。于靖把这件事报告了朝廷，狄青说："借外援来平定内乱，对我们没有什么益处。一个侬智高横行二广，我们尽力尚且制止不住。如果交趾蛮兵贪得无厌，而因此引起战乱，我们用什么来抵御他们呢？建议不要让交趾派出援兵。"皇上听从了狄青的话。

【原文】

宋仁宗不豫，国嗣未立，范镇首发其端，司马光继之，上令以所言付中书，久之光复上疏曰："向者所言，陛下欣然无难色，谓即行矣；今寂无所闻。此必有小人言陛下春秋鼎盛，何遽为此不祥之事？小人无远虑，特欲仓卒之际，立其所厚善者耳。唐自文宗以来，立嗣皆出于左右之意，至有称定策国老，门生天子者，此祸可胜言哉？"上大感悟，命即送中书，光至中书见韩魏公曰："诸公不及今定议，异日夜半禁中出寸纸以某人为嗣，则天下莫敢违。"琦曰："惟敢不尽力。"诏英宗判宗正寺，寻立为皇子。

【译文】

宋仁宗生病时，后继之君的人选还没有确定。范镇首先提出了这个问题，司马光接着也提出了意见。皇上命令他们把意见告诉中书省。司马光又上疏说："以前所说的话，陛下面无难色欣然同意，立即实行。现在所说的话，没有答复，这必定是有小人说陛下正当年富力强的时候，为什么要急于确立继承人这样不吉利的事情呢？小人没有长远考虑，只是想在仓促之际，来确立他们的交谊深厚的关系好的人而已。唐朝自从文宗以来，确立继承人一事都是皇上身边人的意思。甚至到了有人自称是定策国老，把皇帝称为'门生天子'的地步,这种祸患能够数得清吗?"皇上听了以后,大有感悟。命令将意见即刻送达中书省。司马光到中书省见到韩魏公说:"诸公现在不议定继承人的事,将来,半夜里从皇帝宫中送出一张小纸条,说是以某人为继承人,那么天下的人也没有人敢违抗。"韩琦说:"这样的事情唯恐不能尽全力来办呢!"于是下诏书,让英宗主管宗正寺。不久英宗被立为皇太子。

【原文】

汉灵帝末,华歆、王朗,俱乘船避难,有一人欲依附,歆则难之。郎曰:"幸尚宽,何为不可?"后贼追至,王欲舍所携人。歆曰:"本所以疑,正为此耳,既已纳其自讬,宁可以急相弃耶?"遂携拯如初。世以此定华王之忧劣。

【译文】

东汉灵帝末年,华歆和王朗一起乘船逃难,有一人想要搭他们的船。华歆刁难这个人。王朗说:"正好船还宽敞,为什么不能让他上来呢?"后来贼兵追了上来,王郎要丢弃那个搭船的人。华歆说:"当初正由于这个原因,我才有所疑虑。我们已经答应了让人家一块儿乘船,为什么要在这紧急关头把人家丢弃呢?"于是还和那人一起乘船逃亡。世人凭这一点来评定华歆、王朗的好坏。

【原文】

宋刘豫揭榜山东,妄言御药监冯益,遣人收买飞鸽,因有不逊语,知泗州刘纲奏之,张浚请斩益以释谤。赵鼎乃奏曰:"益事诚暧昧,然疑似间有关国体,恐朝廷略不加罚,外议必谓陛下实尝遣之,有累圣德,不若暂解其职,姑与外谪,以释众惑。"上欣然出之浙东。浚怒鼎异已,鼎曰:

"自古欲去小人者，急之则党合而祸大，缓之彼自相挤。今益罪虽诛不足以快天下，然群阉恐人君手滑，必力争以薄其罪，不若谪而远之，既不伤上意，彼见谪轻，必不致力营求；又幸其位，必以次规进，安肯容其入耶？若力排之，此辈侧目吾人，其党愈固而不可破矣。"浚始叹服。

【译文】

宋朝的刘豫在山东张贴榜文，捏造说御药监冯益派人收买飞鸽，因为对皇上有不恭敬的语言，泗州知府刘纲将此事启奏皇上，张浚主张斩杀冯益来消除诽谤。赵鼎就此事启奏皇上说："冯益之事的确有些不明不白。但这件事情却似乎有关国体大局，如果朝廷不略加处罚，朝外就会有人议论说冯益是受了皇上的差遣，这有损于皇帝的英明。不如暂时免掉冯益的官职，姑且贬谪外地，以消除大家的疑惑。"皇上欣然接受，贬谪冯益到浙东。张浚对赵鼎与自己意见不同，感到非常生气。赵鼎就告诉他说："自古以来，想除掉小人，操之过急，他们就会联合起来，祸害更大。不急于除去他们，他们就彼此排挤。现在即使杀掉冯益也不足以大快人心，但宫中的宦官们此时惟恐皇上的意见倾向于朝臣一边，必然会力争给他减轻罪行，所以不如把他贬谪到外地来疏远他与皇上的关系。这样既不伤皇上的心意，太监们也因为看到从轻处罚，必然不会再齐心协力。况且冯益又很受皇上宠幸，他被贬谪，其位置必然会有人想接替，怎么还会容许他再次回到皇上身边？假如对冯益重重处罚，宦官对我们就会另眼看待，他们的结党就更加牢不可破。"张浚听后，非常佩服。

【原文】

宋喻樗，字子才。绍兴初，高宗亲征，樗见赵鼎曰："六龙临江，兵气百倍，然公自度此举果出万全乎？"鼎曰："累年不振，义不可更屈，济否非所知也。"樗曰："然则当思归路。张德远有重望，居闽，若使为江淮诸路宣抚史，其来路即朝廷归路也。"鼎入奏于帝，起浚知枢密院事。金人既退，鼎浚相得甚欢，将并相，樗独言张公，且宜在枢府，他日赵退，则张继之，立政任人，未甚相远则气脉长，若同在相位，万一不合而去，则必更张，是贤者自相悖戾矣。后稍如其言。

【译文】

宋朝的喻樗，字子才。绍兴初年（1131年），宋高宗御驾亲征，喻樗拜见赵鼎说："天子亲征，士气高涨。您估计此次天子出征真的是万全之策吗？"赵鼎说："连年来宋朝国运不振，士气低落，道义也不容许我们屈居金人统治之下。至于此次亲征能否一定成功这是说不准的。"喻樗说："那么您就得考虑退路。张德远（张浚）有较高的声望，他在福建，假若让他担任江淮诸路宣抚史，他的来路就是朝廷的退路。"赵鼎奏请皇帝，起用张德远做枢密院知事。金人退了以后，赵鼎与张浚相处甚好，分任将相。喻樗却认为张浚应当安排在枢密院任事，将来赵鼎退任宰相时，他就可以接任。官场中的人，彼此地位相差越悬殊的则相处起来越容易。如果同时都处在宰相的位置，万一两人不和，就得有人要离去，继任者往往会改弦更张，这就是贤明的人也会相互冲突、相互暴戾的道理。后来情况的发展，大致就像喻樗所估计的那样。

【原文】

明王云凤出为陕西提学，台长汪公谓之曰："君出振风纪，但尽分内事，勿毁淫祠、禁僧道。"云凤曰："此王我辈事，公何以云然？"汪曰："君见得真确，乃可；见之不真，而一时慕名为之，他日妻妾子女有疾，不得不祷词，则传笑四方矣。"云凤叹服。

【译文】

明朝时期，王云凤出任陕西提学，台长汪公对他说："您出任这个职位，目的是重振社会风气。只要把份内的事情做好就行了，不要滥毁祠堂、禁止佛道。"王云凤问道："这样做本来是皇上赋予我的职责，您为何要这么说呢？"汪公说："您只有自己认为正确，才可能把这事办好；如果认为这样做不一定正确，仅仅为了博得一时的赞誉去这样做，将来万一妻妾或子女有人生病，不得不去求神拜佛时，那就会被四方的人所嘲笑了。"王云凤听后，既赞叹又佩服。

伟度第六

【提要】

本卷主要讲述前人在既往不咎、装聋作哑、以德报怨、自我解嘲、充耳不闻、眼界开阔等方面具有宏伟气度的故事。

【原文】

置一器于此，受一斗者，加升焉，则溢矣；受一石者，加斗焉，则溢矣。黄河之大，泰山之高，何所不受哉？度量之于人，亦若是也已矣。《传》曰："川泽纳汙，山薮藏疾。"《书》曰："实能容之，不有伟度，何称伟人。"编其事于左。

宋太祖

【译文】

放置在此处一个容器，如果它只能容一斗，再多加一升水就溢出来了；如果能盛一石，在里面再加一斗就流出来了。黄河那么大，泰山那么高，有什么不能容纳的呢？一个人度量的大小，也是如此。《左传》说："江河和湖泊可以容纳一些污浊的东西，山和湖泽也会藏有害的东西。"《尚书》说："能够包涵万物，如果一个人没有伟大的度量，怎么能称得上伟大呢。"把这类的事情编辑如下。

【原文】

宋太祖既得天下，赵普屡以微时所不惬者言之，欲潜加害。上曰："不可，若尘埃中总教识天子宰相，则人皆物色之矣。"自后普不复言。

【译文】

宋太祖得了天下以后，宰相赵普常常在太祖面前说起他在还没有发迹的时候那些让他不痛快的人，想偷偷地把他们都害死。太祖说："不行。如果在茫茫的平民百姓中，每个人都能看出将来谁是天子，谁是宰相，那么人们都要访求这样的人物了。"从此以后，赵普再没有说过这些事。

【原文】

宋吕文穆公问诸子曰："我为相，外议如何？"对曰："大人为相，西方清宁，惟人言无能为事，权多属同列。"公曰："我诚无能，但有一能，能用人耳。"

【译文】

宋朝时期，宰相文穆公吕蒙正问他的儿子们："我做宰相，朝廷外边有什么议论？"儿子们回答说："大人做宰相，天下各地清明太平，只是有人说您做事没有能力，同僚们反而会掌握大权。"吕公说："我的确没有能力，但我有一能力，就是善于用人罢了。"

【原文】

宋韩公琦，帅定武，夜作书，令卒持烛，误燃公须公以袖拂之，作书如故。少顷视其人，已易矣，恐主吏鞭卒，急呼曰："勿易，我命剔灯，故致焚须，幸书不燃，何罪之有？"韩公又尝以百金酬一玉盏，珍之，吏误碎于地，坐客惊愕，吏伏地待罪，公笑曰："物破有定数，汝非有心也，奚罪？"须已焚，盏已碎，怒亦何补？乃有发于不能自制者。惟韩公性量过人，直一眼觑破，故触处皆坦坦荡荡，非人遽能学也。学之者则有转一念法，一念维何？曰："书幸不焚"、曰："物有定数。"

【译文】

宋朝时期，韩琦镇守定州，有一次夜里写信，让士卒拿着蜡烛为他照明，士卒不小心烧了韩公的胡子，韩公急忙把火扑灭，然后用袖子捂着胡子继续写信，如同没发生一样。过了一会儿，发现拿蜡烛的人已经被换了，韩公怕主事的官吏鞭打士兵，急忙叫道："不要换！是我让他剔灯不小心才烧了胡子的。所幸信没烧，有什么罪？"韩公又曾经用百金的价钱买了一个玉杯，非常珍爱它，结果被一个吏卒不小心给弄到地上摔碎了。在座的客人都惊呆了，吏卒趴在地上等待被治罪。韩公笑着说："东西终究是要损坏的，再说你又不是故意的，有什么罪？"胡须已经被烧，杯子已经摔碎，发怒又有什么用呢？发怒是那些不能控制自己情绪的人做的事情。而韩公度量过人，只一眼就能看破，所以做事都是坦坦荡荡，不是人都可以学会的。学他的人可以转一观念、想法，但这一个观念、想法又能做什么呢？说："信幸好没有烧掉"、说："东西终究要被损坏的。"

【原文】

宋太宗端拱初，孔守正拜殿前都虞侯。一日侍宴北园，守正大醉，与王荣论边功，于驾前忿争失仪。侍臣请以属吏，上弗许。明日俱诣殿堂请罪，上曰："朕亦大醉，漫不复省。"

【译文】

宋太宗端拱初年，孔守正官拜殿前都虞侯。有一天，在北园陪皇帝吃饭饮酒，守正喝得大醉，和王荣谈论在边疆所立的功劳，在皇帝跟前，两人都面带怒色，相互争执不下，很是失态。侍臣请求皇帝把他俩交给主管官吏治罪，皇帝没有答应。第二天，俩人一齐上朝向皇帝请罪。皇帝说："我昨天也喝得大醉，根本记不清发生了什么事。"

【原文】

明白沙陈公甫，访定山庄孔旸，庄携舟送之。中有一士人素滑稽，肆谈亵昵，甚无忌惮，定山怒不能忍，白沙则当其谈时，若不闻其声，及其既去，若不识其人。定山大服。

【译文】

明朝时期，白沙人陈公甫去定山拜访庄孔旸，返回时，庄孔旸用船送他。船上有个平素说话就非常风趣滑稽的读书人。在船上，他放肆地说着一些下流的话，一点儿忌讳也没有。庄孔旸愤怒地不能忍受，陈公甫却在那人谈笑时，就好像没有听到他的声音，等他走了以后，又像不认识他这个人。孔旸对此十分佩服。

【原文】

宋富郑公弼少时，人有骂者，或告之曰："骂汝。"公曰："恐骂他人。"又曰："呼君名姓，岂骂他人耶？"公曰："恐同姓名者。"骂者闻之大惭。

【译文】

　　宋朝的郑公富弼在小的时候，一次，有人骂他，其他人告诉他说："骂你呢"。富公说："恐怕是骂别人的吧。"告诉的人又说："叫着您的名骂，这难道是骂别人吗？"富公说："骂的可能是同名同姓的人吧。"骂的人听了，觉得非常惭愧。

【原文】

　　明吴郡杨仲举蠹，邻家构舍，甬流滴其庭，公不问，家人以为言，公曰："晴日多，雨日少。"或又侵其址，公有"普天下皆王土，再过些儿也不妨"之句。

【译文】

　　杨仲身是明朝时期吴郡人，一次，他的邻居家盖房，甬道流水滴落到他家的院子中，杨公也不闻不问，家人都认为此事应该向邻居家说明，杨公说："晴天多，雨天少。"有人又侵占了他家的地方，杨公却说出"普天之下都是王土，再占一些不碍事"的大度的话。

宽容第七

【提要】

本卷从三个方面用实例来讲述宽容。

【原文】

　　明韩襄毅在蛮中，有一郡守治酒具进，用盒纳妓于内，径入幕府。公知必有隐物，召郡守人，开盒令妓奉酒毕，乃纳于盒中，随太守出。

【译文】

明朝的韩襄毅曾在蛮夷地区做将军，任职其间，有一个郡守送来了酒，同时把一个妓女装在一只箱子里，径直抬到韩公的幕府里。韩公知道里边一定藏有隐秘的东西，就把郡守叫来一起喝酒，当着郡守的面打开箱子，让妓女在席上敬酒，等吃喝完毕之后，又把妓女放进箱子里，跟着太守一块被抬出了幕府。

【原文】

汉丙吉居相位，尚宽大。驭吏嗜酒，尝醉吐丞相车上。西曹主吏白欲斥之，吉曰："以醉饱之失去士，使此人将复何所容？西曹第忍之，此不过丞相车茵耳。"遂不去。

【译文】

汉朝人丙吉曾担任丞相之职，他做事推崇宽容大度。给他驾车的人嗜酒如命，经常喝醉酒，有一次曾在醉酒后吐在丞相车上。西曹主事的官吏把这事报告了丙吉，还想要训斥换掉他。丙吉说："因为喝醉吐了，因为这样的过失就把人打发走，又让这个人去哪里容身呢？西曹还是原谅了他吧，这也不过是丞相的车垫罢了。"于是最终也没有赶走那个驾车人。

【原文】

唐娄师德，宽厚清慎，犯而不校。狄仁杰之入相，师德实荐之，而仁杰不知，意颇轻之。武后问仁杰曰："师德贤乎？"对曰："不知。"又问："师德知人乎？"对曰："未闻其知人也。"武后曰："朕之知卿，师德所荐也。"仁杰既出，叹曰："娄公盛德，我为其所包容久矣！"

【译文】

唐朝的娄师德为人宽容厚道，行政清廉谨慎，别人即使触犯了他，他也不计较。狄仁杰能够升任宰相，也是因为得到了娄师德的推荐。但仁杰并不知道，经常流露出很看不起娄师德的神情。武后问仁杰说："师德有德才吗？"仁杰回答说："不知道。"又说："师德能知人善任吗？"仁杰回答说："没有听说过他知人。"武后说："我任用你，是师德举荐的。"仁杰出来以后，感叹地说："娄公有如此的大德，他包容我的时间太长了。"

【原文】

宋王韶罢副枢，知鄂州，宴客，出家妓。座客张绩醉，挽妓，不前，将拥之，妓泣诉于韶，客皆失色。韶曰："出尔曹以娱宾，乃令客失欢。"使大杯罚妓，人服其量。

【译文】

宋朝时期，王韶被罢免了副枢密使的职务，去主持鄂州的政事。有一次他宴请客人，让家妓出来招待。座中有位客人叫张绩，他喝醉了酒，拉住一个家妓不放，家妓不愿意靠近他，他又要把家妓抱在怀里。家妓哭着向韶诉说，满座的客人也都吓得脸色苍白。王韶却说："让你们出来就是要让宾客高兴的，你却惹客人不高兴。"说完就让人罚了家妓一大杯酒。在座的人无不佩服他的度量。

【原文】

宋彭思永就举时，贫无余资，惟持金钗数只，栖于旅舍。同举者过之，众请出钗为玩，客有匿其一于袖间者，公见而不言，众莫知也，皆惊求之。公曰："数只此耳，非有失也。"将去，袖钗者举手作揖，钗坠于地，众服公之量。

【译文】

宋朝人彭思永，在他参加举人考试时，家里非常穷以至于没有多余的钱，只拿了几只金钗，住在客店里。同时应举的人都难为他，大家请彭公拿出金钏来进行观赏，其中有个客人把一只金钏藏在自己的袖子里，彭公看见了，却没说话，大家也都不知道这回事，都在惊慌地寻找。彭公说："金钏只有这么多，没有丢失。"在将要离开时，那个藏金钏的人在举手作揖时不小心把金钏弄在了地上，大家都佩服彭公的度量。

【原文】

明魏文靖公骥，奉命往南都，时官舍只一苍头，乃举所积俸赀，召同乡子付之，其人请封钥，公怫然曰："后生何待先辈薄乎？"时同乡子有婿，如其轻重款识以伪银易之，比公归，出前银令工碎之，则伪也。工私言于苍头曰："某人尝为此物，出子手，将无是乎？"苍头以告，公戒之曰："慎勿泄，彼将不安矣。"事已稍露，同乡携赀以偿，公骇曰："误矣！予银故在，未有以伪易者。"

【译文】

明朝时期，文靖公魏骥曾奉命前往南都，当时只有一个老仆人在馆舍中，他就把所有积蓄的钱财托付给仆人保管。那老人请魏公把门加上锁，魏公很生气，说："后生怎么对待先辈这么薄？"当时，这个老仆人有个女婿，他按魏公银两的轻重标记用假银换了他的真银。等魏公回来，拿出原先的银子让工匠破开它，发现是假的，工匠私下对仆人说："某某人曾经做过这种假银，从你手里花出去的，别是这个吧？"仆人把这些话告诉了魏公。公告诫他说："注意不要泄露了，否则会使他不安的。"随后，事情逐渐暴露，同乡带着银钱来赔偿。魏公吃惊地说："错了吗，我的银钱原原本本地都在呢，没有被假的换掉啊。"

【原文】

宋张文定公齐贤，以右拾遗为江南转运使。一日家宴，一驭窃银器数事于怀中，文定自帘下熟视不问。尔后文定三为宰相，门下厮役往往得列班行，而此奴不沾禄，奴乘闲再拜问曰："某事相公最久，凡后于某者，皆得官矣，相公独遗某何也？"因泣下不止。文定悯然语曰："我欲不言，尔乃怨我。尔忆江南日盗我银器数事乎？我怀之三十年，不以告人，虽尔亦不知也。吾备位宰相，进退百官，志在激浊扬清，安敢以盗贼荐也？念汝事我久，今与汝钱三百千，汝其去我门下，自择所安。盖吾既发汝平昔之事，汝宜有愧于我，而不可复留也。"驭震骇泣拜而去。

【译文】

宋朝的文定公张齐贤以右拾遗的身份做了江南转运使。一天，他在家里举行宴会，一个奴仆偷了许多银器藏在怀里，被文定公隔着帘子看得清清楚楚，却没责问。这以后，文定公三次担任宰相，他家中的奴仆好多都得了一官半职。惟独这个奴仆却没有沾上一点好处。这个奴仆找了个机会拜了又拜地叩问文定公说："我侍奉您的时间最长，凡是比我后来的人，都得了官职，相爷却单单留下我，这是为什么？"说时泪流不止。文定公哀怜地对他说："我本来不想说，可你会怪怨我。你还记得在江南时你偷我几件银器的事吗？这件事我已经藏在心中三十年了，但是我没有告诉别人，即使是你自己也不知道。我位居宰相，管着百官的升迁与降免，目的就在于除去坏人，奖励好人，怎敢举荐盗贼呢？考虑到你侍奉我多年，现在我给你三百千钱，你还是离开我这里吧！自己找个安身的地方。大概我既然点明从前的事，你会觉得对我有愧，因而不能再留下了。"奴仆听后十分震惊，含着眼泪拜谢了文定公，于是就离去了。

【原文】

明江阴夏翁，尝舟行过市桥，一人担粪倾入舟中，溅及翁衣，其人旧识也，僮辈怒欲殴之，翁曰："此出不知耳，知我宁肯相犯？"因好语遣之。及归阅债籍，此人乃负三十金无偿，因欲以求死，翁为之折券。

【译文】

明朝时期，江阴有一个姓夏的老翁，一次乘船经过市桥，有一个人担着粪倒进船里，溅得他满身都是，这个人夏翁从前认识，奴仆们怒气冲冲地想要打他，夏翁说："这是他不知道罢了，知道是我的话，怎么可能冒犯我？"于是好言相劝把他打发走了。等回家后，夏翁翻阅欠债的账本，这个人就是因为欠了三十两银子但没有能力偿还，想用这个方法激怒他而求死，夏翁于是把他的债券毁了。

【原文】

明长州尤翁开钱典，岁底闻外哄声，出视，则邻人也。司典者前诉曰："某将衣质钱，今空生来取，反出詈语，有是理乎？"其人悍然不逊，翁徐谕之曰："我知汝意，不过为过新年计耳，此小事，何以争为？"命拣厚质，得衣惟四五事，翁指絮衣曰："此御寒不可少。"又指道袍曰："与汝为拜年用，他物非所急，自可留也。"其人得二件，嘿然而去，是夜竟死于他家。涉讼经年，盖此人图负债多，已服毒，知万富可诈，既不获，则诈于他乡耳。或问尤翁何以预知而忍之，翁曰："凡非理相加，其中必有所恃，小不忍则祸立至。"人服其识。

【译文】

明朝时期，长州人尤翁开了一家当铺。在一年的年底，忽然外面传来吵闹的声音，出门一看，发现是邻居。管理典当的人前来告诉他说："他拿衣服当了钱，现在空手来取衣服，反而出口伤人，有这样的道理吗？"那人蛮不讲理又不肯示弱，尤翁慢慢地开导他说："我知道你的意思，不过是为过新年而发愁的缘故罢了。这是小事，何必要争吵呢？"他让人拣出他原来典当的衣物，共有四五件。尤翁指着棉衣说:"这是御寒不可缺少的。"又指着道袍说:"这件给你拜年时穿用。其他衣服不是急着穿用的,自然留下。"这个人拿到了两件衣服,默默地走了。这天晚上,那个人竟然死在别人家中。官司打了好几年,最后查明是这个人因负债过多,已经服毒,他知道尤翁富裕可以敲诈,结果没有达到目的,就到别乡去欺诈,最终死在了别人家中。有人问尤翁,怎么事先预知他欺诈并容忍了他。尤翁说:"凡是无理取闹的人,必定有所依靠。小事若不忍耐,就将有大祸降临。"人们都佩服他的见识。

压邪第八

【提要】

本卷主要讲述智破神鬼的故事。意在破除迷信,维护社会安定。

【原文】

山鬼之伎俩有限,老僧之不见不闻无穷,非真无见闻也,此中有定慧焉,有定力焉,惟吾儒亦然。明理者不可惑以虚无,知命者不稍怵于利害。知者不惑,勇者不惧,知勇合,而慧力出其中矣。夷考古今记载,择其言尤雅者著于篇。

西门豹巧送河伯妇

【译文】

山鬼的那点本领很有限,老僧看不见听不到的事情非常多,并不是真的没有看到没有听到。这其中是有定慧的，是有定力的，我们儒生也是如此。明理的人不会被虚无的事情迷惑，懂得天命的人不会在利害面前胆怯。智者不会被迷惑，勇者没有什么畏惧，智勇兼备，智慧与力量就从中产生了。考察古往今来的记载，选择其中语言优雅的写在本篇中。

【原文】

魏文侯时，西门豹为邺令，会长老问民疾苦，长老曰："苦为河伯娶妇。邺三老廷掾，常岁赋民钱数百万，用二三十万为河伯娶妇，余与祝巫共分之。当其时，巫行视人家女好者，云是当为河伯妇，即令洗浴易新衣，治斋宫于河上，设绛帐牀席，居女其中，卜日浮之河，行数十里乃灭，俗语曰：'不为娶妇，水来漂溺'，人多持女远窜，故城中益空。"豹曰："及此时，幸来告我，亦欲往送。"至期豹往，会之河上。三老官属豪长者皆会，聚观者数千人。其大巫，老女子也，女弟子十余从其后。豹曰："呼河伯妇来。"既见，顾谓众曰："是女不佳，烦大巫妪为入报河伯，更求好女，后日送之。"即使吏卒共抱大巫妪投之河。有顷，曰："妪何久敢？弟子趣之。"复投弟子一人。有顷，曰："弟子何久也？复使一人趣之。"凡投三弟子。豹曰："是皆女子不能自事，烦三老为入白之。"复投三老。豹簪笔磬折响河立，待良久，旁观者皆惊恐。豹顾曰："巫妪三老不还报，奈何？"复欲使廷掾与豪长者一人入趣之，皆叩头流血，色如死灰。貌曰："且俟须臾。"须臾，貌曰："廷掾起矣，河伯不娶妇也。"邺吏民大惊恐，自是不敢复言河伯娶妇。

【译文】

战国时期，魏文侯派西门豹担任邺城的县令。他召见地方上有名望的老年人询问老百姓感到最痛苦的事情。长者说："最痛苦的事是给河伯娶媳妇。邺城的三老、廷掾每年都要向老百姓征收几百万的钱财，其中的二三十万用来给河伯娶媳妇，剩下的钱就和巫婆一起分了。每当那个时候，巫婆到处巡视，发现哪家女儿长得漂亮，就说这个姑娘应当做河伯的媳妇。立即让她洗澡，换上新衣服，给她在河边盖上斋戒的房子，张设大红色的绸帐子，铺设订席，让女子住在里边。择个日子把它放在河面上，漂行几十里后就沉没了。传言说：'如果不给河伯娶媳妇，洪水来了，就会把邺城淹没，把城里的老百姓淹死。'很多人家带着女儿远远地逃走了，所以城里越来越空。"西门豹说："到了给河伯娶媳妇的时候，请来告诉我一声，我也要去送一送。"到了那天，西门豹去了，和大家在河边见了面。三老、城里的达官贵人都来参加，围观的有几千人。那个大巫婆，是个老女人，她的后面还跟随着十几个女弟子。西门豹说："叫河伯媳妇过来。"西门豹看了一眼后，回头对众人说："这个女孩子长得不漂亮，麻烦大巫婆替我进去报告河伯一声，我要再找一个更好看的女孩子，后天送给他。"于是就让吏卒把大巫婆扔进河里。过了一会儿，说："怎么这么长时间不回来呢？再派一个催促她！"于是又扔进了三个徒弟。西门豹说："这几个都是女人，不能把事情说清楚，麻烦三老替我进去报告一下情况。"又把三老扔进了河里。西门豹恭敬地把用羽毛装饰的头发簪子插在帽子前面，像磬那样弯着腰鞠躬，向着河站着等了很长时间，在旁边看的人都非常慌恐。西门豹回过头来说："巫婆、三老不回来报告，怎么办？"要再叫廷掾和其他达官贵人中的一个进去催促他们。廷掾和豪长者全都跪下磕头，磕得头流了血，脸色像死灰一样。西门豹说："暂且等一会儿。"过了一会儿，西门豹说："廷掾起来吧！河伯不娶媳妇了。"邺城的官吏和百姓十分惊恐，自此以后，再也没有人敢说给河伯娶媳妇了。

【原文】

唐魏元忠未达时，一婢出汲方还，见老猿于厨下看火，婢惊白之。元忠徐曰："猿悯我无人，为我执火甚善。"又常呼苍头未应，狗代呼之，又曰："此孝顺狗也。乃能代我劳。"常独坐，有群鼠拱手立其前，又曰："鼠饥就我求食。"乃令食之。夜中鸺鹠鸣其屋端，家人将弹之，又止之曰："鸺鹠昼不见物，故夜飞。"后遂绝无怪。

【译文】

唐朝人魏元忠，在他还没有发达的时候，一次，一个婢女出去提水，刚回来就看见一只老猴在厨房里帮助烧火，婢女惊慌地报告这件事。元忠慢慢地说："猴怜悯我没有人手，替我掌管炊事，这很好。"他又常常叫仆人，没有答应，狗就替他叫。他又说："这是条孝顺的狗，才能替我效劳。"他时常在一个人坐着的时候，有一群老鼠拱着手站在他的跟前。他又说："老鼠饿了，找我来要吃的。"就让它们吃。夜间猫头鹰在房顶上鸣叫，家人要用弹丸射它们，他又阻止他们说："猫头鹰白天看不见东西，所以在夜里飞。"自此以后，奇怪现象也就消失了。

【原文】

宋孔道辅，知宁州，道士缮真武像，有蛇穿其前，数出近人，人以为神，州将欲视验上闻。公率其属往拜之，而蛇果出，公即举笏击杀之。州将以下皆大骇，已而又皆大服。

【译文】

宋朝人孔道辅，在他担任宁州知府期间，道士们修复真武神像，有一条蛇从真武像前爬出又爬进，并多次接近人。人们把这当作神灵，州里的将官打算亲自检验一下后，再向皇上报告。孔公带着他的下属也前去礼拜，蛇果然又出来了，孔公当下举起笏板把蛇打死了。州将以下的人都惊呆了,但很快又非常佩服他的胆识。

【原文】

　　唐时政事堂,有会食案,相传移之则宰臣当罢,不迁者五十年。李公吉甫曰:"朝夕论道之所,岂可使朽蠹之物,秽而不除,俗言拘忌,何足听也?"遂撤而焚之,其下锄去积壤十四畚,议者伟焉!

【译文】

　　唐朝的政事堂里有一张供人们会餐的桌子,相传如果移动它,宰相就要被罢免,所以快五十年了没有人移动它。李吉甫说:"从早到晚讲论道义的地方,怎么可以让虫蛀腐烂的东西摆放在这里而不去清除它呢?又怎么能被俗语所拘束呢!"于是撤去食桌把它烧了,而在桌子的下面锄出十四簸箕长年堆积的脏土。评论这事的人认为他很伟大。

【原文】

　　唐傅弈不信佛法,有僧善咒,能死生人,上试之有验。傅弈曰:"僧若有灵,宜令咒臣。"僧奉勅咒弈,弈无恙,而僧忽仆。

【译文】

　　唐朝的傅弈不相信佛法,有个僧人擅长咒人,既能使人死,也能使人活,皇上试验过,非常灵验。傅弈说:"僧人如果有灵验,就让他来咒我。"僧人奉皇上的命令咒傅弈,结果,傅弈没有受害,僧人却忽然向前倒下了。

【原文】

　　梁钱元懿牧新定,一间里间辄数火起,居民颇忧恐。有巫杨姬因之,遂兴妖言曰:"某所复当火。"皆如其言,民由是竞祷之。元懿谓左右曰:"火如巫言,巫为火也。"及斩媪于市,自此火遂息。

【译文】

后梁时期,钱元懿担任新定州州官期间,他管辖下的一个乡里连续着了几次火,居民们很是担忧害怕。有个巫婆杨老太太趁着这个机会,就放出妖言说:"某个地方还得着火。"后来发生一切都像她说的那样,因此老百姓争着去求她给驱祸降福。元懿对左右的人说:"着火的事应了巫婆的话,那么放火的人一定是那个巫婆。"于是把巫婆在集市上杀掉了。从此火灾就没有发生了。

【原文】

宋元丰中,陈州蔡仙姑,能化观丈六金身,常设净水,至者必洗净目而入。有寥县尉一月率其部曲,约洗一目,及入,以洗目视之,宝莲台上,金佛巍然;以不洗目视之,大竹篮中,一老妪箕踞而坐,乃叱其下擒之。

【译文】

宋朝元丰年间,陈州有个蔡仙姑,能变化出一丈六尺的金身佛像。她时常设置净水,到她家的人必须先用净水洗了眼才能进去。一天,一个姓寥的县尉带着自己的士兵,约定先洗一只眼。等进了屋,用洗过的眼看她,发现宝莲台上有尊金佛又高又大;用没洗过的眼看她,看见大竹篮里有一个老太婆伸开两腿蹲坐着。寥县尉大声命令他的部下把老太婆捉了起来。

【原文】

三国时,吴贺齐为将军讨山贼。贼中有善禁者,每交战,官军刀剑不得击,射矢皆还自向。贺曰:"吾闻金有刃者可禁,虫有毒者可禁,彼能禁吾兵,必不能禁无刃之器。"乃多作劲木棓,选健卒五千人为先登,贼恃善禁不设备。官军备棓击之,禁果不复行，所击万计。

【译文】

　　三国时，吴国的贺齐被任命为大将军去讨伐山贼。在山贼中，有一个人擅长禁器术，可以令对方的兵器无法使用，每次交战，官兵的刀剑没有办法施展，射出的箭也都反射回来。贺齐说："我听说金属武器有刀刃的能被禁器术制伏，有毒的虫子也能被禁器术制伏。他能用禁器术制伏我的兵器，一定不能用禁器术制伏没有刀刃的武器。"于是做了许多结实的木棒子，又挑选了五千健壮的士卒作为先头兵。贼人倚仗擅长禁器的法术而没加防备。士兵用力挥动木棒打击贼兵，禁器的法术果然再无法生效，被杀的贼人数以万计。

【原文】

　　宋真宗时，西京讹言，有物如席帽，夜飞入人家，又变为犬狼状，能伤人。民间恐惧，每多重闭深处，操兵自卫，自是京师讹言帽妖至，达旦叫噪。诏立赏格募告为妖者。知应天府王曾，令夜开里门，有倡言者即捕之，妖亦不兴。

【译文】

　　宋真宗时，西京谣传，说是有一种怪物类似席帽，夜里飞进人家里，变成狗狼的模样能伤人。老百姓很恐惧，每到夜里，都把门和窗户关严，自己躲到隐密的地方，拿着武器保护自己。从此时起，京都的人也传言帽妖来了，一直叫嚷到第二天早晨，皇帝下令说如果谁告发了说有妖物的人，立即奖赏告发者。主持应天府事务的王曾，下令夜里打开里门，如果发现首先说起妖物的人立即捉拿，妖物的事也就没有了。

【原文】

　　汉成帝建始中，关西大雨四十余日。京师民无故相惊，言大水至，百姓奔者相蹂躏，老弱号呼，长安中大乱。大将军王凤，以为太后与上及后宫可御船，令吏民上城以避水，群臣皆从凤议。右将军王商独曰："自古无道之国，水犹不冒城郭，今何因当有大水一日暴至，此必讹言也，不宜上城，重惊百姓。"上乃止，有顷稍定，问之果讹言。

【译文】

西汉成帝建始年间，关西地区连降大雨，持续了四十多天。京城的老百姓都无缘无故地惊慌，说是大水要来了，都四处奔跑，互相踩踏，年老体弱的大声地哭叫，长安城中一片混乱。大将军王凤认为太后和皇上以及后宫的人可以乘船离开，让官吏和老百姓上城头去避水，大臣们都同意王凤的建议。惟独右将军王商说："从古以来，即使一个国家不施行德政，大水也不会淹没城市。现在，凭什么要有大水会在一天之内突然到来？这一定是谣言，不应该上城头，让老百姓再次受惊。"皇上就制止了这件事。一会儿，稍稍安定了，一查问，果然是谣言。

【原文】

宋天圣中，尝大雨，传言汴口决，水且大至，都人恐，欲东奔。帝以问王曾，曾曰："河决奏未至，必讹言耳，不足虑也。"已而果然。

【译文】

北宋仁宗天圣年间，有一次下大雨，有传言说是汴河口被冲开了，大水就要到了。京城的人非常害怕，想要往东逃难去。皇帝就此事询问王曾，王曾说："汴河决口的奏文没有到，一定是谣言，不要为这件事而担心。"后来证实，果然是谣言。

【原文】

明嘉靖间，戚贤为归安县令。有萧总管祠，豪右欲诅有司，辄先赛庙。一日过之，值赛期入庙中，列赛者皆下谕之曰，天久不雨，若能祷神得雨则善，不尔庙且毁，罪不赦也。舁木偶置桥上，竟不雨，遂沉木偶如言。又数日，舟行，勿木偶自水跃入舟中，侍人失色走曰："萧总管来！萧总管来！"贤复曰："是未之焚也。"命系之顾岸旁有社祠，别遣黠隶易服入祠戒之曰："伺水中人出械以来。"已而果然。盖策知赛者贿没人为之也。

【译文】

明世宗嘉靖年间，戚贤担任归安县令。县城里有一座萧总管祠堂，当地豪强想通过祈祷鬼神的办法给当地的官员降祸，就先在祠堂进行酬神活动。有一天，戚贤在举行庙会时进入萧总管祠，他让酬神的人都站在台阶下面，告诉他们说："天好长时间不下雨了，如果祈祷神灵能使天下雨就说明灵验。不然的话，不但你们的庙要被拆毁，而且你们也难逃罪责。"接着让他们把神像抬到桥上。天竟然没有下雨，于是戚贤命人把木制的神像沉入河中。又过了几天，当戚贤乘船在河中行走时，木神像忽从水中跳到船中，侍从们大惊失色，边跑边喊道："萧总管来了！萧总管来了！"戚贤说："这是因为没有烧掉它的缘故。"他让人把神像捆起来，回头看见岸边有座土地庙，就另外派遣一个精明的人换了衣服进入庙中守候，并命令他说："等水中那个人出来，用镣铐把他押来。"后来果然如此。原来戚贤已经猜想到，这件事是酬神的人买通了会潜水的人干的。

【原文】

明永乐间,广东南雄府学有淫祠,中塑女子像,号圣姑,师生媚祷虔甚。吉安彭勖,以进士乞外补,得教授南雄,闻祠事,意欲毁之而未言。未至都百余里,一生来迎甚恭,彭问曰:"予未有宿戒,子何自知之?"生曰:"圣姑见梦言之,且道公邑里姓第甚悉,特遣相候耳。"因言圣姑之神异以感动之,鼓怒。抵任,积薪祠所,拟连夜往,佯为遗火以焚焉。生又梦圣姑曰:"此翁意极不善,子盖为诚言,否则吾亦能为之祸,一二日间当先死其奴,后若干日,子与妇死,若干日死其身矣。"生具以告,彭不听,越数日其奴詹果暴死,家人惧,谮祷而苏,勖闻之益怒,遂投炬爇之。后子及妇相继皆死如神言。学徒咸咸劝复其祠,不许,至期彭竟无恙。生疑之,一夕复梦圣姑,因诘其言不验,圣姑曰:"我鬼也,安能生死人,彼自是命当绝,吾将前知之以相恐耳。彭公贵人,前程远大,何敢犯耶?"后以御史提学南畿,为师儒表率,仕终案察副使。

【译文】

明成祖永乐年间,广东南雄的府学里有一座淫祠,祠堂里有一尊女子神像,号称"圣姑"。师生们喜欢她的美丽,对她非常虔诚。吉安人彭勖以进士的身份要求到京城以外的地方去做官,便被派到南雄任教授一职,他听说淫祠的事后,就产生了拆毁它的想法,只是没有说出来而已。当他还没有到达南雄府学,距离尚有一百多里路的时候,府学里的一个学生十分恭敬地前来迎接。彭勖问道:"我并没有提前通知你们,你怎么知道我到这里了?"这个学生说:"圣姑托梦说的,而且详细地说了您的籍贯、姓氏、中举的等级,特地派我来恭迎您。"接着又说了圣姑如何如何神异,以便感动彭勖,彭勖听后非常生气。到了以后,他在祠堂附近堆了些柴禾，准备在晚上时，假装用火要把祠堂烧掉。学生又梦见圣姑说："此翁来意极不善，你再好好地劝劝他。否则，我也能降祸给他。一两天之内，我要先让他的仆人死，几天以后，我会让他的儿子和妻子死去，再过若干天，我让他本人死掉。"学生把这些话都告诉了彭勖，彭勖不听。过了几天，他的奴仆詹某突然死了，家人很害怕，悄悄地祈祷后，詹某又苏醒了。彭勖听说这事之后，更加生气，于是举火把祠堂烧了。后来他的儿子和妻子相继死去，同神像所说的一样，学生们都劝彭勖重建圣姑祠，彭勖不答应，到了预定的日期，彭勖竟然平安无恙。学生对圣姑也就产生了怀疑。一天晚上，那个学生又梦见了圣姑，他就追问圣姑所说的话为何不灵验。圣姑说："我是个鬼，怎能操纵人的生死呢？他们那些人自然命该绝，我不过是提前知道并用它吓唬人罢了。彭公是个贵人，前程远大，我怎么敢冒犯他呢？"后来，彭公以御史的身份巡察南方学政，成为儒家表率，一直做到按察使的职位。

【原文】

宋范文正公仲淹，一日携子纯仁访民家。民舍有鼓为妖，坐未几，鼓自滚至庭，盘旋不已，见者皆股栗。仲淹徐曰纯曰："此鼓久不击，见佳客至，故自来庭以寻槌耳。"令纯仁削槌以击之，鼓立碎。

【译文】

宋朝的文正公范仲淹，有一天带着儿子范纯仁到百姓家中去拜访，当时这家人的住所里有个鼓成了妖。他们坐下不大一会儿，鼓就自动滚到了厅堂里，旋转不停，看见的人都吓得双腿发抖。范仲淹慢条斯理地对儿子说："这个鼓好久没有人敲打它了，今天看到客人来了，所以自己来厅堂里找鼓槌敲。"他让儿子范纯仁削了鼓槌去敲击，那个鼓立刻就碎了。

【原文】

宋苏文忠知公扬州，一夕梦在山林间，见一虎来噬，公方惊怖，一紫袍黄冠者，以袖障之，叱虎使去，及旦有道士投谒曰："昨夜不惊畏否？"公叱曰："竖子乃敢尔，正欲杖汝脊，吾岂不知汝夜来术邪？"道士慌骇而走。

【译文】

北宋的文忠公苏轼，在他担任扬州知府期间，有一天晚上，梦见自己走在山林里，遇见一只老虎来吃自己。他正在惊恐万状的时候，一个穿着紫袍、头戴黄帽的人，用衣袖遮挡住了老虎，并将老虎喝斥走开。第二天早晨，有个道士投帖拜见说："昨晚没有受到惊吓吧！"苏轼喝斥道："你这个小子竟敢如此，我正想用木杖打你的背，我能不知道这是你昨夜搞的邪术吗？"道士惊慌而又害怕地逃跑了。

博爱第九

【提要】

本卷从列举善待他人和爱护百姓两方面的实际事例，说明博爱其实就是实践"仁道"，是一项实实在在济世安民的事业。

【原文】

韩子曰："博爱之谓仁。"然四海大矣，万民众矣，博施济众，尧舜其犹病诸。闻之程子，一命之士，敬存心于爱物，于人必有所济，可谓仁之方也已。

【译文】

韩子说："博爱就会仁。"但四海如

此广大，人民如此众多，广泛地施舍救济大众，像尧舜那样贤明的国君，可能对此也还是担心的。听程子说过这样的话：担任一种职责的官吏，如果存有爱惜万物的心肠，对人必定有所救济。这可以称得上是实践仁道的方法了。

【原文】

晋陶渊明为彭泽令，不以家累自随，送一力给其子，书曰："汝旦夕之费，自给为难，今遣此力助汝薪水之劳。此亦人子也，可善遇之。"

【译文】

晋代陶渊明任彭泽县令时，没有让家眷与自己同行，他送给儿子一名仆人。在给儿子的信中说："你平时的费用，自给可能有困难。现在，派这个仆人来帮助你解决生活费用。他也是别人的儿子，你要好好地对待他。"

【原文】

唐玄宗西幸，车驾自延英门出，杨国忠请由左藏库而出，听之，望见千余人持火炬以候，上驻跸曰："何用此为？"国忠对曰："请焚库积，无为盗守。"上敛容曰："盗至若不得此，当敛于民，不如与之，无重困吾赤子也。"命撤火炬而后行。闻者皆感激流涕，迭相谓曰："吾君爱民如此，福末艾也，虽太王去邠，何以过此乎？"

【译文】

唐玄宗为避"安史之乱"准备向西方逃跑，车驾从延英门出来后，杨国忠请皇上从左藏库出发，皇上听从了他的意见。途中发现有一千多人拿着火把在等候，皇上停下车驾问到："这是干什么呢？"杨国忠回答说："请允许我们把库里的积存烧了，不能让敌人得到这些。"皇帝严肃地说："敌寇进入京城，如果得不到这些财物，就会从百姓那里去收取，不如给了他们，不要让我的百姓再次遭受困苦了。"于是下令撤去火炬，然后才上路了。听到这件事的人都感激得流泪，相互传颂说："我们的君主能这样地爱护老百姓，他的福还没有享尽。即使像周太王迁居离开邠时，其仁爱哪能超过这样呢？"

【原文】

宋李燔为考亭高弟，常言人不必待仕宦有职事，才为功业，但随力到处，有以及物，即功业也。

【译文】

李燔，宋代人，是考亭的高徒。他常说，人不必等到做了官才能建立功业。只要竭尽所能，做一些力所能及的事，就是建功了。

【原文】

宋曹武惠王彬，下江南，金陵受围凡三时，吴人樵采路绝，彬每缓师，冀李煜来归，使人谕之曰："事势如此，所惜者一城生聚，若使归命，策之上也。"城垂克，彬复称疾不视事，诸将来问，彬曰："余疾非药石所能愈，惟须诸公诚心自誓，以克城日不妄杀一人，则自愈矣。"诸将许诺，共焚香而誓。明日城陷，李煜即归，凯旋入见，剌称奉敕江南干事回，其廉恭不伐又如此。

【译文】

宋朝的武惠王曹彬奉命率兵攻打江南，将金陵城围了有三个季节，吴人砍柴的路也断了。曹彬迟迟不肯下令攻城，希望李煜出来归顺，派人劝解他说："形势已经这样，痛惜的是一城的百姓和财物，如果能投城，就是上策了。"等到了将要攻破金陵城的时候，他又声称有病不能处理政事，将领们都来问候。曹彬说："我的病不是药石能够治好的，只要诸公真心地表示自己的决心，在攻下城的那一天，不乱杀一个人，我的病自然就好了。"将领们全都答应了，并在一起焚香发誓。第二天，金陵被攻下了，李煜归顺。曹彬班师回朝拜见皇帝，上书称"奉诏去江南办事回朝"。他又是如此的谦恭而不自我夸耀。

【原文】

唐肃宗宴于宫中，时有蕃将阿思布伏法，其妻配掖庭，因肃乐工，月日为假，官之长上，及待宴者笑乐，政和公主独挽首不视，上问其故。公主曰："禁中乐工不少，何必须此人？使阿思布真逆人，其妻亦同刑人，不合迫至尊之座；果冤耶，岂忍使其妻与众优杂处为笑谑之具，妾深以为不可。"上亦悯恻，为之罢戏。

【译文】

唐肃宗在宫中举行宴会，当时有个蕃将名叫阿思布，因犯法而被处死，他的妻子被贬到宫廷为奴，分到了乐工部，按一定的时间为皇上演出。宫里的卿大夫和陪宴的人把她作为取乐的对象，只有政和公主低着头不看，皇上问她这是什么原因。公主说："皇宫里的乐工不少，为什么一定要这个人演奏呢？假使阿思布真是叛逆的人，他的妻子也同样是犯法的人，不应该接近您的宝座；真要是冤枉他呢，又怎能忍心让他的妻子与其他乐伎在一起，作为供人取笑的工具？我认为这样做非常不合适。"皇上也产生了哀怜之心，就让她停止了表演。

刑戒第十

【提要】

本卷用实例，来探讨一个问题，即如何通过使用刑罚来规范行为，引导人们向善。

【原文】

宋熙宁中,新法方行,州县骚然。邵康节闲居林下,门生故旧仕宦者,皆欲投劾而归,以术间康节。康节答曰:"正贤者所当尽力之时,新法固严,能宽一分,则民受一分之赐矣,投劾而去何益?"

【译文】

北宋神宗熙宁年间,朝廷刚刚推行新法,州县一片混乱。邵康节隐居山林,他的门生仍在为官的,都想递交辞呈还乡,并且给康节写信来征求他的意见。康节答复说:"这正是有才德的人应当尽力的时候,新法固然严厉,如果你们能放宽一分,老百姓就得到一分的好处。递交辞呈离职,又有什么好处呢?"

【原文】

明夏原吉天性宽平,悃幅无矫节,人无识不识,皆谓吉君子长者。夜阅文书,抚案太息,笔欲下而止者再。夫人问之,吉曰:"我所批者,岁终大辟奏也,吾笔一下,死生决矣,是以惨沮而笔不忍下也。"

【译文】

明朝人夏原吉,天性宽厚公正,待人真诚,丝毫没有认为自己的节操比别人高尚,不论认识他还是不认识他的人,都说他是个君子,是个忠厚的长者。一天夜里,他正在批阅文书,不时地用手拍桌子出声长叹,笔刚要落下又停了下来,这一动作重复了两次。夫人问他,他说:"我批阅的文书,是年终死刑的奏本。我的笔一落下,死生就决定了,因此伤心叹气而不忍心落笔。"

政术十一

【提要】

本卷在从政的前提和原则下,列举了处理政事的各种方法和技巧。

【原文】

政有术乎?曰:有!徒善不足以为政,徒法不能以自行。苟无术,何有政?术者何有?心术以端其本,有学术以拓其用,夫然后因时因地因人化而裁之,推而行之,庶有济乎?不然,祖宗之法,胥吏能言,乌在其为南面临之者哉?因抚囊轨,凡有关治要者著于篇。

【译文】

治理国政有技巧吗?回答说:有!只有善心是不能够真正治理好国政的,只有法规也不能自然而然地推行。假如没有方法,怎么会有政治呢?那么,治理国政的方法是什么呢?用思想和计谋来端正它的根基,用专门的、有系统的学问来扩大它的功能,然后再根据时间、地点、人物的不同情况,而采用不同的方法斟酌裁决,然后把它推广开来,大概就能够成功了。否则,祖宗流传下来的法规,办理文书的小官都能说出来,又何必再要皇帝和大臣呢?因此,从过去的记载中,摘取了一些有关治理国政的主要议论,写在后面。

【原文】

昔赵简子使董安于为晋阳,问政于寨老。寨老告以曰忠、曰信、曰敢。董安于曰:"安忠乎?"

曰："忠于王。"曰："安信乎？"曰："信于令。"曰："安敢乎？"曰："敢于不善人。"董安于曰："此三者足乎？"曰："足。"

【译文】

春秋末年，赵简子让董安于到晋阳去做官。董安于就如何从政这个问题向蹇老进行请教，蹇老告诉他，要做到忠、信、敢。董安于问道："忠于谁呢？"蹇老回答说："你能够忠于你的主上。"董安于又问道："信什么呢？"蹇回答说"要相信所要推行的政令。"董安于还问道："敢于做什么？"回答说："你敢于不赞同别人的意见。"董安于最后问道："做到了这三个方面，就具备了为官的条件吗？"蹇老回答说："已经足够了。"

【原文】

宋欧阳文忠公，为政宽简，而事不弛废，或问其术，曰："以纵为宽，以略为简，则弛废而民受其弊。吾所谓宽者不为苛急耳，所谓简者不为繁碎耳。"公又尝曰："凡治人者不问吏才能否，设施如何，但民称便即是良吏。"

【译文】

北宋的文忠公欧阳修，他治理国政既宽容又简约，该办的公事从不拖延。有人问他处理国政的方法，他回答说："治理国政时，如果把听任不管当作宽容，把弃置不顾当作简省，结果只能是拖延了该办的事情而让民众受到害处。我所讲的宽容，是指不要苛刻繁杂而又催逼太急，我所讲的简，是指不要过分繁琐细碎。"欧阳修还曾经说过："凡是治理国政的人，用不着去干预过问下属的才能如何，也用不着去管他如何安排行事，只要老百姓认为他办事便利，那他就是一名好官员。"

【原文】

宋时辇运卒，有私质市者。上闻之，曰："倖门如鼠穴，何可尽塞，但去其尤者可也。篙工楫师，有少贩汙，第无妨公，不必究问。"吕蒙正对曰："水至清则无鱼，人至察则无徒。曹参不扰狱，市者以其能兼受善恶也，若穷之则奸慝无所容，故告以慎勿扰耳。"

【译文】

北宋时期，一些替皇宫运货的士卒，经常将货物偷偷拿到市场上卖掉。皇上听说之后，说道："宠幸的大门就好比是老鼠洞，哪里能够全部都堵住呢？只要能把特别过分的除掉，也就可以了。就像划船掌舵的人，偶尔也要贩卖烹器一般，只要不妨碍国家，就没有必要去追究查问。"吕蒙正回答说："水过于清澈，就没有鱼了，人过于精明，就没有朋友可以交往了。当初曹参在齐国当丞相时，之所以不去干扰诉讼和市场的交易，是因为他能够同时容纳好人和坏人。假如一味地追查到底的话，有邪恶心术和行为的人就没有了可以容身的地方。所以，曹参告诫他的继任人说，千万不要去干扰他们。"

【原文】

唐贞元中，咸阳人上言，见白起令奏云："请为国家捍御西陲，正月吐蕃必大下。"既而吐蕃果入寇，败去。德宗以为信然，欲于京城立庙，赠起为司徒。李泌曰："臣闻国将兴，听于人，今将帅立功，而陛下褒赏白起，臣恐边将解体矣；且立庙京城，盛为祈祷，流传四方，将召巫风。闻杜邮有旧祠，请敕府县修葺，则不至惊人耳目。"上从之。

【译文】

唐朝贞元年间,有一个咸阳人向皇帝上奏说,他梦见秦国的名将白起,白起让他向皇帝上奏,让国家捍卫西面的边疆,因为今年正月吐蕃将大举进攻唐朝。后来吐蕃果然前来进犯,被打败退走。唐德宗认为这件事是十分灵验的,准备在长安城里为白起修建庙宇,并赠给他司徒的称号。李泌说:"我听说要想使国家兴旺,就应该顺应民心。现在是将帅立了功劳,而陛下却要奖赏白起,我担心边塞上的将领们会因此而人心涣散。何况在京城里修建庙宇,举行盛大祈祷,传播到全国各地,会助长求神拜巫的风气。听说杜邮县有个白起的旧庙,请皇上敕令州府修理一番,那么就不至于惊扰民众了。"皇上于是采纳了他的办法。

荐亲友十二

【提要】

本卷讲述任人唯贤是用人的基本原则。

【原文】

唐崔祐甫为相,荐举惟其人,不自疑畏,推至公以行,日除十数人,未逾年,除吏几八百员,多称允当。帝尝谓曰:"人言卿拟官多亲旧何耶?"对曰;"陛下令臣讲拟庶官,夫进拟者,必悉其才行,若素不知闻,何由得其实?"帝以为然。

【译文】

唐朝崔祐甫担任宰相的时候,所荐举的官吏不是自己的好朋友就是过去的相识,从来不害怕别人说三道四,所举荐的人才办事也非常公正。最多的一天曾授与了十多个人官职。不到一年,已经任命了将近八百名官员。基本上做得适宜得当。唐德宗曾经对他说:"人们说你任用的官员许多是你的亲戚朋友,这是为什么？"崔祐甫回答说："陛下命令我推举任用众官员，那些被推举任命的人，我必须了解他们的才能和品德才行，如果平时对他们一无所闻，我怎么能知道他们的实际才能和品德呢？"唐德宗认为他说得很对。

【原文】

宋范文正公仲淹为参政，每取班薄视监司不才者一笔勾之，以次更易，富文忠公弼曰："六丈则是一笔，焉知一家哭矣？"公曰："一家哭，何如一路哭耶？"遂悉罢之。

【译文】

北宋名臣文正公范仲淹，在他担任参政知事期间，常常拿起登记官员姓名、等级的名册审查，凡是监、司一级的官员有不称职者，就一笔将他的姓名勾掉了，并按照先后次序更改调换。文忠公富弼对他说："对您来说，只不过是一笔，您哪里知道他们一家都会哭起来的。"范仲淹回答说："一家人哭，怎能跟一个地区的人全都哭相比呢？"于是，他把那些不称职的监司全部罢免了。

治本十三

【提要】

本卷讲述理政治民要做到标本兼治，改革弊政尤其要以治本为重。

【原文】

宋明镐为龙图阁直学士，知并州时，边任多纨绔子弟，镐乃取尤不职者杖之，疲软者皆自解去，遂奏择习事者守堡砦。军行，娼妇多从之，镐欲驱逐，恶伤士卒心，会有忿争杀娼妇者，吏执以白镐,曰:"彼来军中何邪?"纵去不治。娼妇皆散走。

【译文】

宋朝的明镐担任龙图阁直学士的时候,曾任并州的地方行政长官,边境上的官吏大多是些纨绔子弟,明镐于是选取其中最不称职的人,杖罚他们,办事拖拉无能的人都自己解职离开了,明镐就奏请朝廷,选用熟悉军事业务的人驻守边塞。军队出发时,许多妓女都随军而行。明镐想把她们驱逐赶走,又担心伤害士兵的心。正巧在这时候发生了因愤怒争执而杀害妓女的事。主管的官吏把杀人的士兵绑来报告明镐。明镐说:"那些娼妓为什么到军中来呢?"于是便下令把杀人的士兵释放了,而没有惩治。娼妓们得知此事后全都一哄而散。

【原文】

后汉廉范字叔度,为蜀郡太守。成都地迫屋狭,百姓夜作以供衣食,又禁燃火,民覆蔽之,如是失火者日属。范放令夜作,但使储水,百姓皆悦而歌曰:"廉叔度,来何暮,不禁火,民安作,昔无襦,今五裤。"

【译文】

后汉时的廉范,字叔度,曾任蜀郡太守。当时的成都地区人多地少,百姓的房屋都很窄小,老百姓晚上都要做工,用来供给吃穿用度。而官府禁止夜里燃火点灯,老百姓只好把它遮蔽掩藏起来,因此经常发生失火的事。廉范放宽禁令,准许夜里做工,但是要求家家都储备好用来防火的水,老百姓都高兴地歌唱道:"廉叔度来得太晚了。不禁火,老百姓夜里可以安心做工。从前没有短袄穿,如今人人都有五条裤。"

【原文】

汉陈仲弓为太邱长,有劫贼杀财主,将往捕之。

未至，发所道，闻民有在草不收育子者，回车往治之。主簿曰："贼大宜先按讨。"仲弓曰："盗杀财主，何如骨肉相残？"

【译文】

汉朝陈仲弓任太邱县令时，有个强盗抢劫并杀害了财主，陈仲弓前去追捕，还没有到达出事地点，半路上又听说有个妇女刚刚生下孩子却不愿意抚养，想将孩子溺死，陈仲弓立即掉转车头返回前去处理。主簿说："强盗杀人，事关重大，应该先去审察追捕。"仲弓说："强盗杀财主，怎能比得上骨肉相残的事严重呢？"

【原文】

明永乐时，万观知严州，七里泷渔舟数百艘，昼渔夜窃，行旅患之。散令十艘为一甲，各限以地使自守，繇是无复有警。

【译文】

明朝永乐年间，万观任严州知府。当时在七里泷一带的渔船有几百艘，他们白天打渔，晚上偷盗，过往行人、商客都深受其害。万观命令每十艘船编成一个单位，让他们各自固定在一定的地区之内，自己保卫自己。从此以后，再也没有报警的了。

粒民十四

【提要】

本卷的主要内容，是探讨历史上不同时期救荒的措施及其利弊得失。

【原文】

天生五材，人利赖焉。土爱稼穑而金饥，木穰火炊水淫，岁或不登，则粒食之道几穷。区划而挹注之，长民者之责矣。失民为邦本，食为民天，酌盈剂虚，良法具在，可勿亟讲欤。

【译文】

　　天然生成金、木、水、火、土五种物质，是人类赖以生存的物质基础。土地是用来播种和收获的，如果金属工具缺少，草木过于茂盛、天气炎热或雨水过多成涝，都可能导致一年没什么收成，那么，粮食供养就不充足，老百姓生活就很窘迫。因此，按照地区情况好好规划，让粮食能调剂流通，这是为官理政者的责任。老百姓是国家的根本，民以食为天。从产粮多的地区将粮食调剂到少粮的地区，好办法非常多，怎么能够不马上讲出来呢？

朱熹

【原文】

　　汉宣帝时，大司农耿寿昌，请粜三辅宏农诸郡谷以供京师，又合边郡皆筑仓，以谷贱时增价而籴，谷贵时减价而粜，名曰"常平"，民甚便之。

【译文】

　　西汉宣帝的时候，大司农耿寿昌要求三辅地区和宏农郡等地将所出产的粮食供应京城，又让边境上的各郡都修建粮仓。当粮食价格便宜的时候，提高价格买进粮食储存起来；当粮食价格昂贵的时候，再降低价格卖出去。这种方法叫做"常平仓"，常平仓的设置稳定了物价，老百姓因此而感到很便利。

【原文】

隋开皇三年，以京师仓廪尚虚，议为水旱之备。工部尚书孙长平，请令诸州百姓及军人劝课，当社共立义仓。收获之日，随其所得，劝课出粟及麦，于当社造仓窖贮之，即委社司简校每年收积，勿使损败，若时或不熟，当社有饥者，即以此谷赈给。

【译文】

隋文帝开皇三年，因为京城中贮藏米谷的仓库非常空虚，朝廷决定修建防洪抗旱工程设备。工部尚书孙长平，请求朝廷下令各州的老百姓和军人按国家规定的数额交纳赋税。并让每一个社都建立一座义仓。每到收获庄稼的时候，依据每一户的收入，勉励他们交纳一定数量的谷子和麦子，在当地的社中另外建造仓库贮存起来，并再任命社里的一个人负责检查核对每年收藏的数量，不使粮食减少和损坏。假如遇到一季没有收成，这个社里有没饭吃的农户，就用这些粮食去接济。

【原文】

宋乾道四年，朱公熹请于府，得常平米六百石贮贷，夏受粟于仓，冬则加息以偿，欠蠲其息之半，大饥尽蠲之。凡十四年，以米六百石还府，见储米三千一百石，以为社仓，不复收息，故虽遇欠，民不缺食。诏下熹社仓法于诸路。

【译文】

宋孝宗乾道四年，朱熹向官府请求借"常平仓"米六百石，贮存起来后用于借贷。老百姓夏天从常平仓里借粮食，到了冬天就加上利息以偿还。遇到歉收的年景，就减免一半的利息；遇到大饥荒的年景，利息则全部减免。十四年之后，将从官府里借来的六百石米全部还了回去，而且还增加储米三千一百石，朱熹用这些粮食建立了社仓，借出去不再收息。这样，即使遇到歉收的年景，老百姓也不缺饭吃。朝廷颁布诏书，命令各地方都仿照实行朱熹的社仓法。

【原文】

宋文潞公在成都，米价涌贵，因就诸城门相近寺院凡十八处，减价粜卖，不限其数，张榜通衢，米价顿减。前此或限升斗，或抑市价，适足以增其气焰，而价终莫平，乃知临事须当有术也。

【译文】

北宋的文潞公在成都任职时，米价涨得厉害。因此，就下令在各城门附近的十八所寺院中降价卖米，不限制购买的数量，并在各大街道上贴告示宣传这消息，米价马上就降了下来。在此之前，用限制购买的数量，或者强制压低米价的办法，结果反而助长了米商涨价的气焰，米价始终降不下来。由此可见，遇事需要一定的办法来对付。

【原文】

明景泰中，淮徐饥死者相枕藉，山东河北流民猝至都。都御史王竑不待报，亟发广运仓以赈之，所全活数十万人。初流民奏至，上于梭桥上读之，大惊曰："饥死吾百姓矣！其奈何？"已而得发廪奏，乃大喜曰："好都御史！"

【译文】

明朝景泰年间中期，淮河、徐州一带饿死的人很多，山东、河北的流民也突然拥进京都。都御史王竑没有请示朝廷，马上发放广运仓的粮食来救济百姓，所救活的灾民达数十万人。当初，当奏报流民拥进京城的奏折刚刚送到皇帝手中的时候，代宗皇帝在梭桥上读到奏折，大惊道："饿死了我的百姓，该怎么办呢？"不一会儿，王竑发放官仓粮食的奏折送到，他看了后非常高兴地说道:"真是一位好都御史!"

妙判十五

【提要】

本卷讲述如何妙判:了解案情用五辞,审理断案用五听。

【原文】

法吏之案如山,小民之口如川。钩深而文致之,折其词矣,无以折其心,奈何?夫简于五辞,征于五听,尚多疑焉,乃或片言判决,而两造帖然者,抑又何欤?因集其事,以资明慎者之考鉴云。

【译文】

等待判决的案件堆积如山,那么百姓的传言就会如江河一般随意奔涌。探取案情的深微之处,搬弄法律条文,陷人于罪,这只能在词句上折服人,而不能让人心服,这该如何做呢?那就应从原告和被告双方的五种措辞中简要了解案情,再用五听的方法来审理求证。尚且还存在疑问的案件,有的人用几句话就判决了,而原告和被告又都心服口服,这又是为什么呢?因此我把此类判案的故事汇集起来,以便给明智谨慎的人提供参考借鉴。

【原文】

唐柳公绰,节度山东,行部至邓。吏有纳贿舞文者二人,同系之。县令谓公绰素持法,必杀贪者,公绰判曰:"赃吏坏法,法在;奸吏犯法,法于是亡。"竟诛舞文者。

【译文】

唐朝的柳公绰任山东节度使时,巡察到邓州。在邓州的官吏中发现了接受贿赂和任意利用法律条文作弊的两个人，于是把他们一起关押。县令认为柳公绰向来严于执法，必定会杀掉贪赃受贿的人。柳公绰却判决说："赃官虽然犯法，但法律条文仍然存在；奸吏毁坏法律，法律就名存实亡了。"结果把利用法律条文作弊的人杀了。

【原文】

有富民张老者，妻生一女，无子，赘某甲于家。久之，妾生子，名一飞，育四岁而张老卒。张老病时谓婿曰："妾子不足任，吾财当畀汝夫妇耳。但养彼母子，不死沟壑即汝阴德矣。"于是出券书云："张一非吾子也，家财尽与吾婿，外人不得争夺。"婿乃据有张业不疑。后妾子壮，告官求分，婿以券呈官，遂置不问。他日奉使者至，妾子复诉，婿仍前赴质。奉使者因更其句读曰："张一非，（非飞谐音）吾子也，家财尽与，吾婿外人，不得争夺。"曰："尔妇翁明谓吾婿外人，尔尚敢有其业耶？诡飞作非者，虑彼幼为尔害耳。"于是断给妾子，人称快焉。

【译文】

有一富户张老，妻子只生了一个女儿，没有儿子，便招赘某甲到家里。过了很久，他的妾生了一个儿子，取名一飞，到四岁时张老死了。老人生病时对女婿说："妾所生的儿子不足以信任，我的财产全部给你们夫妇。但你们要好好奉养他们母子，不要让他们饿死在荒郊野外，那就是你们所积的阴德了。"于是拿出契据，上面写道："张一，非吾子也，家财尽与吾婿，外人不得争夺。"他的女婿于是占有了张家的全部财产，根本没有什么疑惑。后来妾所生的儿子长大了，告到官府，要求分得财产。张家女婿将契据呈给官府，官府搁置一边，不再受理。过了些日子，奉命出使的官员来到当地，张一飞又去告状，女婿仍然前去对质。使者改变了契据的断句，念道："张一非（非，飞谐音），吾子也，家财尽与,吾婿外人,不得争夺。"并且对女婿说:"你妻子的父亲,明明说'吾婿外人',你怎么胆敢占有他的家产呢?故意将'飞'写'非',是考虑到他儿子还年幼,怕被你害死罢了。"于是,将家业断给妾所生的儿子,人们都十分称赞。

【原文】

汉颖川有富室,兄弟同居,妇皆怀妊。长妇胎伤,弟妇生男,长妇遂盗取之。争讼三年,州郡不能决。丞相黄霸,令走卒抱儿去两妇各十步,叱令自取。长妇抱持甚急,儿大啼叫;弟妇恐致伤,因而放手,而心甚怀怆。霸曰:"此弟子。"责问乃服。

【译文】

汉代颍川郡有一户富有的人家,兄弟两人同在一个家庭内生活,他们的妻子同时怀孕了。兄嫂的胎儿夭折了,弟媳生了一个男孩,兄嫂偷偷将其抢了过来。官司整整打了三年,州郡官员都无法判定。丞相黄霸审理此案,命差役抱着孩子离开两妯娌各十步,并让她们自己夺取。兄嫂抱抢得十分急切,小孩子大声啼哭,弟媳唯恐小孩受伤,因而放手,而心里却非常悲痛。黄霸说:"这是弟弟的儿子。"经过审理询问,兄嫂只得认罪。

【原文】

宋陈祥知惠州,郡民有二女,嫁为比邻者。姊素不孕,妹生子而姊之妾适同时产女,诡言产子。夜焚妹旁舍,乘乱窃其儿以归。妹觉之,往索弗予。讼于府,无证。祥祥自语:"必杀此儿,事即了耳。"乃置瓮水堂下,曰:"吾为溺此儿以解纷。"密谕一卒谨视儿,而叱左右作为投儿状,亟逐二妇使出。其妹失声争救不可得,颠仆堂下,而姊竟去不顾,祥即断儿归妹而杖姐妾。一郡称神。

【译文】

宋朝的陈祥任惠州知府时，郡内有一百姓有两个女儿，全都嫁给了邻居。姐姐一直没有生育，妹妹生了一个儿子，正巧在这个时候，姐夫的妾也生了一个女孩，他们谎称也生了个男孩。夜里放火烧掉了妹妹屋旁的房舍，乘混乱之际，偷偷地把妹妹的儿子抢了回来，妹妹发现之后，到姐姐家要儿子，姐姐不肯给，告到郡府，可是又拿不出证据。陈祥假装自言自语说："必须杀了这个小孩，这件事才能了结。"然后将一只大水缸放在公堂之下，说："我把这小孩淹死，为你们调解纠纷。"同时又私下命令一名差役小心看护小孩，然后大声命令左右差役，假装要把小孩投进缸里，又赶快将这两名妇女带到公堂上。妹妹失声痛哭，极力抢救却办不到，跌倒在公堂之下；而姐姐竟然离开置孩子于不顾。陈祥马上将小孩判给妹妹，而杖责姐姐和小妾。全郡都称赞陈祥断案如神。

【原文】

吉安州民娶妇，有盗乘人冗杂，入妇室潜伏床下，伺夜行窃，不意明烛达旦者三夕，饥甚，奔出。执以闻官，盗曰："吾非盗，医也。妇有癖疾，令我相随用药耳。"宰诘问再三，盗言妇家事甚详，盖潜伏时所闻枕席语也。宰信之。逮妇供证，恳免不从。谋之老吏，吏曰："彼妇初归，不论胜负，辱莫大焉，盗潜入突出，必不识妇，请以他妇出对，盗若执之，可见其诬矣。"宰曰："善"。选一妓，盛服舆至，盗呼曰："汝邀我治病，乃执我为盗耶"？宰大笑，盗遂服罪。

【译文】

吉安州有位老百姓娶妻，有一小偷乘人多杂乱之际，偷偷进入新房潜伏在床下，伺机在夜里偷盗，不料，连续三个晚上蜡烛都一直点到天明。小偷饿得忍不住，只得跑出来，被抓住后送到官府。小偷说："我不是小偷，而是医生。这新娘有患有一种怪病,要我跟随她治病开药。"官吏盘问再三,小偷说起这新娘家的事都非常详细,这是因为他躲在床底下时,听到了新婚夫妇所说的话。官吏相信了小偷的话,要将新娘抓来当面对质。新娘恳求赦免小偷,却不愿意来证实。官员同老吏商量,老吏说:"那个新娘刚刚结婚,无论对质是否属实,对她来说,都是奇耻大辱。小偷悄悄地进去,突然跑了出来,肯定不认识这新娘。只要让另一位妇女出来与小偷对质,如果小偷说认识她,那就一定是骗人的。"官员说:"这个办法不错。"于是选了一名妓女,让她打扮好乘着车子来到官府。小偷见了她就叫道:"你请我治病,为什么还让人把我当作小偷抓起来呢?"官员大笑,小偷只得服罪。

【原文】

宋张咏在崇阳,一吏自库中出,视其鬓旁下有一钱。诘之,乃库中钱也。咏命杖之,吏勃然曰:"一钱何足道,乃杖我耶?尔能杖我,不能斩我也。"咏笔判曰:"一日一钱,千日千钱,绳锯木断,水滴石穿。"自仗剑下阶斩其首,申府自劾。崇阳人至今传之。

咏知益州时,尝有小吏忤咏,咏械其颈,吏恚曰:"枷即易,脱即难。"咏曰:"脱亦何难?"即就枷斩之,吏俱悚惧。

贼有杀耕牛逃亡者,咏许自首,拘其母,十日不出,释之,再拘其妻,一宿而来。因断曰:'拘母十夜,留妻一宿,倚门之望何疏;结发之情何厚。'

就市斩之。"于是,首身者继至,并造归业。

【译文】

宋朝的张咏在崇阳任职时,一名官吏从钱库中出来,他的鬓角边有一枚钱。经追问,原来是钱库中的钱。张咏下令杖罚他,这个官吏勃然大怒,说:"一枚钱值不了什么,怎能因此而杖罚我?你能用棍打我,总不能把我杀了吧?"张咏提笔判决道:"一天偷一枚钱,一千天就偷一千枚钱。绳子可以锯断木头,滴水可以穿透石头。"张咏亲自持剑走下台阶将他斩首,然后申报州府,自我弹劾。这件事崇阳人现在还在传颂。

张咏任益州知府时,曾有一名小官吏顶撞他。张咏用枷锁套在脖颈上囚禁了他。小吏愤怒地说:"枷人容易,可卸掉这枷锁就不容易。"张咏说:"卸掉这枷锁有何难呢?"说完,便从脖颈上砍断了他的头,官吏们都非常恐惧。

有一个杀了耕牛逃亡的盗贼,张咏没有见他投案自首,就抓住他的母亲,关押了十天,也不见此人前来自首,于是就把他母亲放了。又抓来他妻子关押,过了一夜此人就前来自首。张咏因此就判决道:"拘留母亲十日不动心,拘留妻子一晚就来自首,对待母亲的感情如此生疏冷淡;对待妻子感情是何等深厚。"便在集市上将他斩首。于是,自首的人都陆续而来,张咏让他们全都回去从事生产。

【原文】

湖州赵三,与周生友善,约同往南都贸易。赵妻孙氏,不欲夫行,已闹数日矣。及期黎明,赵先登舟,因太早,假寐舟中,舟子张潮利其金,潜移舟僻所沈赵,而复讹为熟睡。周生至,谓赵未来,候之良久,呼潮往促。潮叩赵门,呼三娘子,因向三官何久不来。孙氏惊曰:"彼出门久矣,岂尚未登舟耶"?潮复周,周甚异,与孙分路遍寻,三日无踪。周惧累,因具牍呈县,县尹疑孙有他故害其夫。久之，有杨评事者，阅其牍曰："叩门便叫三娘子，预知他家无丈夫"。坐潮罪，潮乃服。

【译文】

湖州人赵三与周生友好，二人相约一起到南都去做生意。赵三的妻子孙氏，不愿意让丈夫走，为此已吵闹了好几天。到了约定的那一天，天刚刚亮，赵三就上了船，因时间还早，就在船上睡着了。船夫张潮贪图他身上的钱财，偷偷地将船划到偏僻的地方，将赵三沉入水里，然后又将船划回原处假装睡得很熟。

周生来到船上，张潮说赵三还没有来，周生等了很长的时间，便叫张潮去催赵三。张潮敲赵三家的门，大声地叫三娘子，并问赵三为什么这么长时间还不来。孙氏吃惊地说："他已出门好久了，怎么可能还没有上船呢？"张潮回复了周生，周生感到很奇怪，就与孙氏分头四处寻找，一连找了三天，也没有一点踪影。周生担心这件事连累到自己，就写了份状子报告了县府。县衙的官员怀疑孙氏因为别的缘故而害死了丈夫。过了很久，有位叫杨评事的人，看到了办理此案的公文记录，说："敲门便叫三娘子，看来事先知道她家丈夫不在家。"判定张潮有罪，张潮只得认罪。

【原文】

新乡县人王敬戍边，留牝牛六头于舅李进处，养五年，产犊三十头。敬自戍所还，索牛，进云，两头已死，只还四头老牛，余不肯还。敬忿之，投县陈牒。县令裴子云令送敬付狱，叫追盗牛贼李进，进惶怖，至县。叱之曰："贼引汝同盗牛三十头，藏于汝家，唤贼告对。"乃以布衫笼敬头，立南墙之下。进急乃吐疑云："三十头牛，总是外甥牝牛所生，实非盗得。"云令去布衫，进见，曰："此外甥也，"云曰："若是，即还他牛，但念五年养牛辛苦，令以数头谢之。"一县称快。

【译文】

　　新乡县人王敬要去戍守边疆服兵役,就把自己的六头母牛寄养在舅舅李进家里,李进养了五年,共产牛犊三十头。王敬服完兵役后回来,到舅家去牵牛。李进说:"两头牛已经死了,只剩下四头老牛。"其余的牛不愿意还给王敬。王敬非常气愤,到县里告状。县令裴子云,命令将王敬交给监狱,并命令差役追捕偷牛贼李进。李进害怕了,来到县衙。裴子云喝斥他说:"有个盗牛贼说他同你一起偷了三十头牛,藏在你的家里,因此传唤你来对质。"又以布衫蒙住王敬的头,让他立在南墙之下。李进急忙说出了实情,说:"我家的三十头牛,都是外甥的母牛所生,确实不是偷来的。"裴子云下令去掉王敬头上的布衫,李进见了说:"这就是我的外甥可以作证。"裴子云说:"要是如此的话,你立即还给他牛。但是,念及你养牛五年的辛苦,应让王敬用几头牛来答谢你。"全县都认为判得好。

【原文】

　　明正德中,殷云霁知清江,县民朱铠死文庙西庑中,莫知杀之者,忽得匿名书曰:"杀铠者某也。"某系素仇,众谓不诬。云霁曰:"此嫁贼以缓治也。"乃集众胥于堂曰:"吾欲写书,各呈若字。"有祝明者,字类匿名书,诘之曰:"尔何杀铠"?明大惊曰:"铠将贩于苏,独吾候之,因利其财,故杀之耳。"

【译文】

　　明朝正德年间,殷云霁任清江县令。本县人朱铠死在文庙西边的小屋中,不知是谁杀了他。忽然有一天,殷云霁收到了一封匿名信,信中说:"杀死朱铠的人是某某人。"这个人向来与朱铠有仇,大家都认为匿名信所说没错。殷云霁却说:"这是杀人者嫁祸于人,目的是为了延缓此案的调查。"于是他召集小吏们到廷堂,说:"我想找个人写一份书信,请你们每人把自己写的字呈上来。"有一个叫祝明的人,他的字体跟匿名信上的字很相似。

殷云霁盘问他说:"你为何要杀死朱铠?"祝明大惊失色地说道:"朱铠到苏州贩卖货物,当时只有我一人为他送行,因为贪图他的钱财,所以把他杀了。"

【原文】

唐贞观中,衡州板桥店主张迪妻归宁,有卫三杨真等投宿,五更早发。夜有人取卫三刀杀张迪,其刀却内鞘内,真等不知。至明,店人追真等,视刀有血痕,囚禁拷讯,真等苦毒,遂自诬服。上疑之,差御史蒋恒复推。恒命总追店人十五岁以上者毕至,为人不足且散,唯留一老婆至晚放出,命典狱密觇之,曰:"婆出当有一人与婆语者,即记其面貌。"果有人问婆:"使君作何推勘?"如此三日,并是此人。恒令擒来鞫之,与迪妻奸杀有实。

【译文】

唐朝贞观年间,衡州板桥店的店主张迪之妻回娘家探望父母,有叫卫三、杨真的一些人到店中投宿,五更天就早早起来赶路走了。不料那天晚上有人拿着卫三的刀杀死了张迪,并将刀子仍然插在卫三的刀鞘里面,卫三、杨真等人并不知道。天亮以后,店里人追到杨真等人,看到刀上有血迹,就把他们送到官府关押起来。因为严刑拷打,杨真等人不能忍受,就承认是自己杀人。唐太宗怀疑这一案件,就派遣御史蒋恒重新审理。蒋恒命令将店里所有十五岁以上的人全都带到县衙,但当时的人数已不全,又把他们放了回去,惟独只留下一个老婆婆,到了晚上才把她放回去。同时又命令一名看管监狱的差役悄悄地随其后监视,并说:"老婆婆出去后,必定有一个人同他说话,你把他的长相记下来。"老婆婆出去后,果然有人去问她:"长官怎样推断这一案件?"一连三天都是如此,而且是同一个人。蒋恒命令将这个人抓来审讯,他就是与张迪妻子通奸而谋杀张迪的人。

师谋十六

【提要】

本卷讲述的故事,是历史上各个不同时期成功运用战略战术的经典范例,目的重在指出后人善于学习前人之处并加以创造性运用的成功经验。

【原文】

将而无谋,以其师予敌也;而谋之不臧,与无谋同。世所传韬略奇正之书,与其说之散著于史传百家者,非无可考。顾为将之道,在乎一心,临机御变,不可端倪。脱执纸上陈言,以为阃外秘略,此读书庸,赵括所以败也,慎无令孙吴笑人哉。

【译文】

将领没有谋略,等于将自己的军队交给敌人;而谋划得不好,如同没有谋略。世上所流传的那些关于正面交锋与诱敌伏击策略的书,以及散见于史传、诸子百家之中的同类书目,并不是不可探求,但为将之道,在于将士上下一心,随机应变,不可暴露自己的意图动向。倘若只拘泥于兵书上的陈说,就以为它是担任将帅的秘略,这种读书法只不过是贩书而已,这也是赵括之所以失败的原因。当心不要做一名令孙子吴起耻笑的人啊!

【原文】

魏庞涓攻韩,齐田忌救韩,直走大梁。涓闻之,去韩而归。孙子谓田忌曰:"彼三晋之兵,素悍勇而轻齐。善战者因其势而利导之。兵法:百里而趋利者,蹶上将;五十里而趋利者,军半至。使齐军入魏地,为十万灶,明日为五万灶,又明日为三万灶。"庞涓大喜曰:"吾固知齐军怯,士卒亡者过半矣。"乃弃其步军,与其轻锐,兼程逐之。孙子度其行，暮当至马陵。马陵道狭而旁多阻隘，可伏兵，乃斫大树，白而书之曰："庞涓死此树下"，令齐军善射者万弩夹道而伏，期日暮见火而俱发。涓果夜至，见白书，钻火烛之，齐军万弩俱发，魏军乱，大败，庞涓自刎。

【译文】

战国时期魏国的将领庞涓率兵进攻韩国，齐国的将领田忌救援韩国，率兵直攻到魏国国都大梁。庞涓知道后，撤军离开韩国而回救大梁。齐国的孙膑对田忌说："他们韩、赵、魏三国的兵向来骠悍勇猛而看不起齐国的军队。善于作战的人，应该顺应形势的发展，很好地加以引导。兵法上讲，军队每天行军百里去谋求获得战争胜利的，要损失上将；每天行军五十里谋取利益的，只能有一半军队能到达。我们齐国军队到达魏国之后，先搭建十万个灶台做饭，第二天只搭建五万个；第三天只搭建三万个。"庞涓随后带兵追赶，见到这种情况后十分高兴地说："我早就知道齐国的军队胆小怯战，现在士兵逃走已经超过了半数。"于是，舍弃了步兵，只带领轻锐的骑兵，日夜兼程追赶齐军。孙膑计算了他们的行程，估计傍晚将到达马陵。马陵这地方道路狭窄，路旁又有许多障碍，可以设兵埋伏。于是砍倒棵大树，刮去树皮，在上面写道："庞涓死于此树下"，又命令齐军中善于射箭的一万人埋伏在夹道两旁，等到晚上看到火光之后一起发箭。庞涓果然在夜里到达此地，见树干上清楚地写着的大字，就钻木取火要将它烧掉。齐军见到火光，万箭齐发，魏军大乱，大败而逃，庞涓自杀。

【原文】

晋祖逖将韩潜，与后赵将姚豹，分据东川故城，相守四旬。逖以布囊盛土，使千余人运以馈潜，又使数人担米息于道。豹兵逐之，即抛而走。豹兵久饥，以为逖士众丰饱，大惧宵遁。

【译文】

　　东晋祖逖带领部将韩潜据守东川东城时，后赵的将领姚豹据守东川的故城西城，双方对峙了四十天。祖逖下令用布袋装上土，派遣一千多人运送给韩潜，又派数人挑米在路旁歇息，等到姚豹的士兵追上来，就抛下米担而逃走。姚豹的军队早就缺粮了，以为祖逖的士兵军粮充裕，非常害怕夜里就撤军了。

【原文】

　　刘宋檀道济，伐魏累胜，至历城，魏以轻骑邀其前后，焚烧粮草。道济军食尽引还，有卒亡降魏，告之。魏人追蹑，众汹惧，将溃。道济夜唱筹量沙，以所余少米覆其上。及旦魏兵见之，谓道济资粮有余，以降者为妄而斩之。道济全军而归。

【译文】

　　刘宋时的檀道济攻打北魏时多次获胜，军队到达历城后，北魏用轻骑兵截击了檀道济的先头部队和后军，把军粮全都烧光了。檀道济因军粮断绝撤退，有士兵逃跑投降北魏，把缺粮的情况报告给了魏国。魏军追赶了上来，宋军军心动摇，眼看就要溃败。檀道济夜里命令准备沙子，用剩下的少量的米盖在沙子上。到天亮时，北魏的士兵看到了，都说檀济道的粮食还非常多，认为投降的人是胡说而杀了他。檀济道因此得以全军而归。

【原文】

　　宋毕再遇，与金人对垒。一夕拔营去，留旗帜于营，豫缚生羊悬之。置前二足于鼓上。羊不堪倒悬，则足击鼓有声，金人不觉。相持数日始觉之，则已远矣。

【译文】

　　宋代的毕再遇与金人对垒，一天晚上拔营撤退，将旗帜留在空营中，并事先绑了一只活羊挂起来，将它的两只前蹄子放在鼓上。羊难以忍受倒挂的痛苦，不停用蹄子敲击鼓发出鼓声，金人丝毫也不知情。相持了好几天才发现，宋军已走得很远了。

【原文】

晋元兴间，桓玄既败，留何澹之守溢口，澹之空设羽翼旗帜于一舟，而身寄他舟，时何无忌欲攻之，诸将曰："澹之不在此舟，虽得无益"。无忌曰："彼不在此，守卫必弱，我以劲兵攻之，成擒必矣；擒之而我徒扬言，已得贼帅，则我气盛，而彼必惧；惧而薄之，迎刃之势也。"果一鼓而舟获，鼓噪唱曰："斩何澹之矣。"贼骇惑，竟瓦解。

【译文】

东晋安帝元兴年间，桓玄已经战败，他留下何澹之守卫溢口。澹之在一只船上张设羽翼旗帜，而自己却躲在另一只船里。当时，何无忌打算进攻澹之，其他的将领们都说："何澹之不在这只船上，即使攻下了也没什么益处。"何无忌说："他不在这里，防守一定非常虚弱，我用强兵去攻它，肯定能俘获这条船；一旦擒获这条船，我只要扬言已经捉住敌军主帅，那么我们的士气就能提高，而他们必定会畏惧；当敌军畏惧的时候，我们再进攻他们，就能造成容易取胜的形势。"果然一进攻就夺取了船只，士兵们擂鼓呐喊道："已将何澹之斩首了！"澹之的士兵惊恐惶惑，全部土崩瓦解了。

【原文】

唐初王世充与李密战，世充先索得一人貌类密者，缚而匿之。战方酣，使牵过阵前噪曰："已获李密矣。"士皆呼万岁。密军乱，遂溃。

【译文】

唐朝初期，王世充与李密作战。王世充预先找到一个长得非常像李密的人，把他绑起来藏好。当两军战斗到正激烈的时候，他将这个人拉到阵前大声喊到："已经抓住李密了。"士兵们都高喊万岁，李密的军队乱了阵脚，溃散逃跑了。

【原文】

唐天宝中，禄山将令狐潮围睢阳，城中矢尽，张巡缚槁为人，披黑衣，夜缒城下。潮兵争射之，得箭数十万。其后复夜缒人，贼笑不设备，乃以死士五百斫潮营。焚垒幕，追奔十余里。

铁锁沉江

【译文】

唐天宝年间，安禄山的部将令狐潮围困睢阳，而城中箭用完了。张巡绑了一些草人，给它们披上黑色的衣服，夜里用绳子放到城墙下面。令狐潮的士兵抢着向它们发箭射击，张巡因此获箭几十万支。在这之后，又用绳子放下去一批士兵，令狐潮的士兵们只是取笑他们，却不再射击防备，结果张巡放下五百敢死的士兵偷袭令狐潮的军营，放火烧了他的营帐，迫使叛军后撤十余里。

【原文】

侯景之围台城也，初为尖顶木驴来攻，矢石不能制。羊侃作雉尾炬，施铁镞，灌以油，掷驴上，焚之立尽。俄又东西两面起土山临城，城中惊骇。侃命为地道，潜引其土，山不能立。贼又作登城楼车，高十余丈，欲临射城内。侃曰："车高堑虚，彼来必倒，无劳设备。"车动果倒。贼既频攻不克，乃筑长围。朱异等议出击之，侃不可，异不从，一战败退，争桥，赴水死者大半。后大雨城崩，贼乘之，垂入。侃令多掷火把为穴城，以断其路，而徐于内筑城，贼卒不能进。未几侃遘疾卒，城遂陷。

【译文】

南朝梁时候，侯景围攻台城，开始用尖顶的木驴来进攻，由于用箭射击和抛石砸驴的办法不能奏效，羊侃就创制了雉尾炬对付尖顶木驴，雉尾炬装上铁箭头，灌上油，抛到驴上，马上就将木驴烧光了。不久，侯景又在东西两面堆土成山，面对台城，城中人们十分恐惧。羊侃命令士兵挖地道，偷偷地将土山底的土拉走，土山再也立不起来。侯景又制造了登城的楼车，高达十几丈，想站在车上向城内射击。羊侃说："楼车虽高，但壕沟内的土质疏松，楼车推到城下必定会倒下来，用不着设施防备。"楼车一到城下，果然就倒了。贼兵多次攻不下城来，只得筑成长长的围墙。朱异等人建议出城攻击，羊侃不同意，朱异不听，出战一次，被打败退回，士兵抢着过桥，掉进水里淹死的人将近一大半。后来大雨又使台城崩塌，贼兵乘机进攻，眼看就要攻入城内。羊侃命令士兵将大量的火把投掷在城墙的塌陷处，组成火墙用来阻断敌军的进攻，然后再在城内慢慢地建筑了一道新的城墙，贼兵终于未能攻进城来。过了不久，羊侃因患病而突然死去，台城才被攻陷。

【原文】

三国之季，晋师灭吴。吴人于江碛要害处，并以铁锁横截之，又作铁锥长丈余，暗置江中，以逆拒舟舰。晋将王浚作大筏数十万，令善水者以筏先行，遇铁锥，锥辄着筏而去。又作大炬，灌以麻油，遇锁，燃炬烧之，须臾镕液断绝，舟行无碍。

【译文】

三国末年，晋国军队灭吴时，吴军在长江浅水中的沙石要害处，用铁锁横断江面，又制造一丈多长的铁锥，暗藏江中，用来阻挡晋军的船舰。晋军将领王浚，制造大木筏好几十万只，令善于游泳的人划着木筏在前面开路，遇见铁锥，铁锥就被木筏牵引着向下游流去。同时，又制作了极大的火炬，里面灌满麻油，遇到铁链，就点燃火炬，时间不长就将铁锁熔化烧断了，使船舰在江中畅行无阻。

【原文】

　　汉桓帝延熹中，长沙零陵贼反交阯，诏度尚为荆州刺史。尚设方略击破之，穷追入南海，军士大获珍宝。贼帅卜阳潘鸿，遁入山谷，聚党犹盛，而士卒骄富，莫有斗志。尚宣言：阳鸿作贼十年，习于战守，我兵未易轻进，当须诸郡悉至，并力攻之，军中且恣听田猎。兵士大喜，皆空营出猎。尚乃密遣所亲，潜焚诸营，珍宝一时略尽。猎者还，无不涕泣。尚亲出慰劳，深自引咎。因曰："阳鸿等财宝山积，诸卿但并力一战，利当二倍也。"众且愤且跃。尚敕令秣马蓐食，明旦出不意，赴贼屯，一鼓而尽歼之。

【译文】

　　东汉桓帝延熹年间，长沙与零陵郡的贼寇在交阯造反，桓帝下诏任命度尚为荆州刺史，当时，度尚已运用谋略将贼寇击败，穷追猛打直到南海，将士们获得了大量的珍宝。寇贼首领卜阳、潘鸿在山中聚集大量的兵力，而度尚所统帅的将士却日益骄横奢侈，没有一点斗志。于是度尚宣告将士说："卜阳、潘鸿作为盗贼已经有十余年，作战防守都很老练，我们的军队不能随便出击，必须等到各郡的军队全部会合时，才可以集聚力量进行攻击。现在大家可以随意去打猎。"士兵们听后十分高兴，全都跑出军营去打猎，度尚于是秘密派心腹，偷偷放火烧掉了各个营帐，士兵们所得到的珍宝差不多全都烧尽。打猎归来之后，没有不伤心哭泣的。度尚亲自出面慰劳大家，引咎自责，并借机说："卜阳、潘鸿的财宝堆积如山，只要诸位齐心协力作战，获得的财宝可以是原来的两倍。"众将士气愤填膺，跃跃欲试。度尚命令士兵喂饱战马、吃饱肚子，第二天天刚亮时，出奇不意地向贼兵聚集之处发动进攻，一举全歼了贼寇。

【原文】

　　明戚继光，每以鸳鸯阵取胜。其法：二牌平列，狼筅各跟一牌，每牌用长枪二枝夹之，短兵居后。遇战，伍长低头执牌，挨次前进，闻鼓声而迟留不进，即以军法斩首，其余紧随牌进。交锋则筅以救牌，长枪救筅，短兵救长枪。牌手阵亡，伍下兵通斩。

【译文】

　　明朝的戚继光作战时，常常用鸳鸯阵取胜。鸳鸯阵的方法是：用两只盾牌平列，每只盾牌后各自跟随着一种叫狼筅的兵器，并且，每只盾牌各用两支长枪相夹，而使用刀剑等短兵器者紧随盾后。作战时，由每列队伍的长官低头拿着盾牌，依次前进。听到进军的鼓声而迟疑不前的，即按军法斩首。其余的士兵，紧随盾牌向前推进。两军交锋时，则施放狼筅来保护盾牌，用长枪刺击敌人来保护狼筅，使用短兵器的士兵负责保护使用长枪的士兵。如果盾牌手阵亡，这一队伍的士兵通通要被斩首。

运筹十七

【提要】

　　"运筹"既不是历史上著名政治家或军事家的专利，也不为国家大政方针或军事布局所独享，精明能干的人办事，自身安逸而事半功倍。

【原文】

　　昔周公制作，号称多才，六官所载，事无巨细，莫不经理有方。学者读书十年，出而不能办一事，经事之谓，何矣？夫能者身逸而功倍，不能者心劳而功半，盖才地之相悬，询未可同日语也。故亦有其人，曾不足取，而一事之智，并从节录，是犹集腋采菲之意云。

【译文】

　　以前周公制作礼乐，号称多才多艺。《周礼》六官记载，他办事无论大事小事，都处理得井然有序。但是一般学者却往往读了十几年书，到了社会上却一件事都办不好。那么，所说的"经事"，究竟指什么呢？这是指能干的人办事有事半功倍的效率，而能力差的人却是事倍功半。为什么会差别这样大呢？那是因为人与人之间的才华、能力差别十分悬殊，实在不可同日而语。然而也有那样的人，他的智慧、才华虽然不被世人称道，但他在某一件事情上的智谋却表现突出，我们就将其节录在下面，这也好像采集芜菁、集垒狐腋那样，以少聚多，定有益处。

【原文】

　　宋祥符中，禁中火。时丁谓营复宫室，患取土远，谓乃命凿通衢取土，不日皆成巨堑。乃决汴水入堑中，引诸道竹木排筏，及船运杂材，尽自堑中入。至公门事毕，却以拆毁瓦砾灰壤，入于堑中，复为街衢，省费以亿万计。

【译文】

　　宋真宗祥符年间，皇宫里失火，宫殿被烧毁。当时丁谓负责重建宫室，取土非常遥远，十分不便。于是丁谓就下令在大街上挖凿取土，没过几天，就挖成了一条大沟。接着又把汴水决开，将河水放入沟中，然后引导大大小小的舟船，运送各种建筑材料都从沟中行驶，十分便捷。等到皇宫建筑完毕，就把拆旧宫室的瓦砾灰土之类统垫在水沟中，水沟就又变成平平坦坦的大街了。据粗略统计，这样做节省的费用不下亿万金。

【原文】

宋赵从善尹京日，宦寺欲窘之，内降设醮，需红桌子三百支，内批限一日办集。从善命于酒坊茶肆，取桌相类者三百，净洗，糊以白纸，用红漆涂之，如期而备。两宫幸聚景园，夜过万松岭，立索火炬三千。从善命取诸瓦舍妓馆，不拘竹帘芦帘，实以脂，绳而缚之，系于夹道树左右，照耀比于白日。

【译文】

宋朝时的赵从善负责京城事务，太监故意想为难他，就怂恿内宫降旨办红喜事，需要红桌子三百张，限令他必须在一天之内把三百张红桌子凑齐。赵从善不慌不忙，命令当差的前去酒坊、茶肆中，把形状大体相似的桌子，取来三百张洗得干干净净，用白纸糊好，然后在上面用红漆涂好，按时把差事办妥了。

又有一次皇上与后宫嫔妃到景园去消夜，夜里路过万松岭，马上要三千把火炬照亮，事情十万火急，赵从善命令手下人到各瓦舍、妓馆中，不管是竹帘、芦帘，全部拿来，灌上油脂用绳子缚好，然后系在夹道松树的左右两边，燃起来后，明亮的如同白日一般。

【原文】

明陶鲁为广东新会县丞，时都御史韩公雍，下令索犒军牛百头，限三日具。公令出如山，群僚皆不敢应，鲁逾列任之。三司及同官交责其妄，鲁曰："不以相累。"乃榜城门云："一牛酬五十金。"有人以一牛至，即与五十金。明日牛争集，鲁选取百头肥健者，平价语之曰："此韩公命也，如期而献。"公大称赏，檄鲁隶麾下，任以兵政，其破藤峡，多赖其力，累迁至方伯。

【译文】

　　明朝时,陶鲁担任广东新会县的县丞,正好赶上都御史韩公雍下令索取犒赏军队的一百头肉牛,限定三日内备齐。韩公雍令出如山,但任务又非常艰巨,下属官吏们都不敢答应。只有陶鲁与众不同主动承担了这一任务。三司及同官都互相责备其狂妄。陶鲁坦然地对大家说:"请放心,我不会连累大家。"于是,在城门上出榜,说谁愿意卖牛,每头牛可酬价五十金。有一个人果然牵来一头牛,他当即命人交给牛主五十金。第二天,卖牛者云集,人们争相卖牛。陶鲁从其中挑选了一百头肥健的好牛,都以平价收买了。他担心大家有意见,就解释说,这价格是都御史的命令。大家都理解了,他如期把牛献了上去。韩公雍打听到这件事,对陶鲁非常称赞。就发布命令,让陶鲁到自己的手下工作,把兵政大权交给他。后来官军破大藤峡时,全靠陶鲁献策。陶鲁连续升迁,一直到做了地方的长官。

【原文】

　　魏曹冲,字仓舒,自幼聪慧。孙权尝致巨象于曹公,公欲知其轻重以访,群下莫能得策。冲曰:"置于一大船之上,而刻其水痕所至,称物以载之,一较可知矣。"冲时仅五六岁,公大奇之。

【译文】

　　三国时魏国的曹冲,字仓舒,自幼聪明过人。孙权曾把一头大象送给曹操,曹操询问群臣称量大象的计策,群臣都没有办法。因为大象太重,那时还没有那么大的秤。曹冲听到后就说:"把大象牵到一艘大船上,然后在船侧浸水的地方刻上记号。接着,再在船上载上其他物品,什么时候船沉到大象在船时浸水的刻度,这时物品重量与大象重量是相等的,只要把这些物品一称就知象多重了。"曹冲那时候仅仅五六岁,曹操对他的智慧感到很惊奇。

【原文】

　　宋初两浙献龙船，长二十余丈，上为宫室层楼，设御榻以备游幸，岁久腹败欲修治，而水中不可施工。熙宁中宦官黄怀信献计，于金明池北凿大澳，可容龙船，其旁置柱，以大木梁其上，乃决汴水入澳，引船当梁上，即车出澳中水，完补讫，复以水浮船，撤去梁柱，以大屋蒙之，遂为藏船之室，永无暴露之患。

　　苏郡葑门外，有灭渡桥，相传水势甚急，工屡不就，有人献策：度地于田中筑基，建之既成，下浚为河，导水繇桥下行，而后塞其故流，人遂通行，故曰："灭渡"。此桥巨丽持久，俗云：鲁班现身也。

【译文】

　　宋朝初年，两浙地区向皇上敬献了一条龙船，船身长二十余丈，上面筑着宫室、楼房，其间还专门设了御榻，以备皇上游幸时使用，修得十分讲究。然而，由于年代久远，无人修葺，龙船肚子上的木板腐朽了，想要修治，而船在水中，又没有办法施工。到了宋神宗熙宁年间，有位叫黄怀信的太监献了一条计策。就是，从金明池的北边开凿一条水湾，大小能容下龙船，在龙船的旁边立若干木柱，把较长较粗的木头架在木柱上作为梁。然后就把汴水放入湾中，把龙船正好引到木梁上方，再引流出湾中的水，这样龙船落在木梁上就能修理了。等把龙船修完了，再把水放入湾中，让龙船浮起来，然后撤去木梁和柱子，在湾上盖一间大屋子蒙在上面，作为藏龙船的库房，这样，龙船就永远没有暴露的忧患了。

　　苏州郡的葑门外，有一座灭渡桥，相传当初修筑此桥之时水流湍急，工程屡屡不能完成。有人献策说：量好土地，在田地中打桥基，建好桥梁，然后在桥下挖一条河床，把河水引入，从桥下流过，接着把原来的河道堵塞，人于是可以通行无阻了。因而，把这座桥称为灭渡桥。这座桥雄伟壮丽，坚固耐用，而历时久远，人们都说：这是鲁班现身了。

【原文】

明正统时，边事甚急，工部移文巡抚周忱，索造盔甲腰刀数百万，其盔俱要水磨。公取所积余米，依数造成，且计水磨明盔，非岁不可，暂令摆锡，旬日而办。

谢安

【译文】

明朝英宗正统年间，边疆战事紧张，工部送来公文给巡抚周忱，向他索要数百万件盔甲、腰刀等物，其中头盔要水磨制成。周忱将平时积储的米粮都拿出来，组织工匠依数将盔甲、腰刀造成，而且预计造水磨明盔没有一年时间很难办成，暂令用锡盔代替，十天多时间全部如数完成。

【原文】

明汪应轸守泗洲，邮卒驰报武宗驾且至。他邑彷徨勾摄为具，民至塞户逃匿，轸独凝然弗动，或问其故，轸曰："吾与士民素相信，即驾果至，费旦夕可贷而集，今驾来未有期，历仓卒措办，科派四出，胥吏易为奸，倘费集而驾不果至，则奈何？"他邑用执炬而役千计，伺候弥月，有冻饿死者。轸命缚炬榆柳间，以一夫掌十炬，比驾夜历境，炬伍整伤，反过他州。

【译文】

明朝的汪应轸任泗州太守时，传递消息的吏卒飞马来报说武宗皇帝很快就要到了。其他郡县的官员都诚惶诚恐地设法筹措物品,以至于老百姓闭门而逃。惟独汪应轸凝然不动,有人问他原因,他说:"我与百姓素来互相信任,即使皇上大驾果然到来,费用在旦夕之间就可以筹措齐备,现在皇上何时到来还没有一个准确的日期,假若我们经过仓促筹措,四处派人征收财物,小官小吏容易趁着这机会搜刮百姓。即使费尽心力筹备好财物,假如皇上真的不来,那时我们又该如何处理呢?"其他郡县有上千人手执火炬迎接皇上,整整伺候了一个月,有的人竟因此冻饿而死。汪应轸只是让人把火炬绑在路旁的榆树、柳树间,命令一人掌管十把火炬,等到皇上夜里经过时,迎接皇上的火炬整齐的反而超过了其他郡县。

钱法十八

【提要】

货币经济是促进社会发展、影响社会安定的一个重要的因素。本卷内容涉及平抑物价、促进货币流通、稳定市场,包括收购、促销和前瞻性的预测等方面。

【原文】

晋王丞相茂宏,善于国事。初渡江,帑藏空竭,唯有练数千端。丞相与朝贤共制练布单衣,一时士人翕然竞竞服,练遂涌贵,乃令主者卖之,每端至一金。

【译文】

东晋的丞相王茂宏,善于处理国家大事。晋元帝刚到江南,定都建康时,国库空虚,只有白绢好几千匹。为了使国库增加银两,王丞相就与朝廷里贤能的官员商议,自上到下一律都用白绢做单衣。一时士人纷纷争着做这种衣服穿。于是,白绢的价格很快涨了许多。王丞相接着便令主管人员把库中的白绢全部卖掉,每匹竟然能卖一金。

【原文】

晋谢安乡人，有罢官者还，诣安。安问其归资，答曰："唯有蒲葵扇五万。"安乃取一中者握之。士庶竞市，价遂数倍。

【译文】

晋朝谢安的同乡将要罢官还乡，临行前向谢安辞行，谢安问他是否有路费。同乡回答说："没有。只有五万多柄蒲葵扇存在家中，卖不出去。"于是谢安从中选出了一个合适的握在手中摇。普通士子、庶民看见谢安使用这种蒲葵扇，都争相购买，价钱于是长了好几倍。

【原文】

宋起居舍人毋湜，至和中，上言乞废陕西铁钱，朝廷虽不从，其乡人多知之，争以铁钱货物，卖者不肯受，长安为之扰乱，民多闭肆，僚属请禁之。文彦博曰："如此是愈惑扰也。"乃召丝绢行人，出其家缣帛数百匹，使卖之，曰："纳其直！尽以铁钱，勿以铜钱也。"于是众知铁钱不废，市肆复安。

【译文】

宋仁宗至和年间，起居舍人毋湜，向皇上进言请求废掉陕西流通的铁钱，朝廷虽然没有采纳这一建议，但陕西百姓大多知道了这一消息，都怕作废了铁钱，就争着用铁钱买东西，商人们也担心铁钱作废，不愿意要铁钱，因此而扰乱了长安城的安定，商店多数关闭。许多下属官吏请求下发禁止废除铁钱的命令。文彦博听了后说："如果这样，会使骚乱更加厉害。"于是，就把丝绢行的商人召集在一起，拿出自家存放的好几百匹绸缎，让他们代卖，并且一再嘱托说："该卖多少钱，以质定价，只收铁钱，不要收铜钱。"这样一来，民众都知道铁钱依然不作废，于是市场的交易又恢复了安定。

【原文】

唐令狐楚,除守兖州,州方旱俭,米价甚高。迓使至,公首问米价几何?州有几仓?仓有几石?屈指独语曰:"旧价若干,诸仓出米若干,定价出粜,则可赈救。"左右窃听,语达郡中,富人竞发所蓄,米价顿平。

【译文】

唐代的令狐楚担任兖州太守时,兖州正在大旱,米价奇高。前来迎接的使者到达后,令狐楚首先问他米价多少,兖州共有多少粮仓,仓里存粮多少石,然后屈指计算,独自说道:"粮食原来的价格是这么高,只要各仓按旧价拿出这么多粮食出卖,就可以达到赈济的目的。"左右的人私下里听见他这么说,就偷偷把这一消息告诉了郡中的富人。富人们听说官府即将平价售粮,都争相把自己囤积的粮食抛售,这样粮价立刻就平稳了。

【原文】

唐刘晏为转运使时,兵火之余,百费倚办。尝以厚直募善走者,置递相望,觇报四方物价,虽远方不数日皆可达,使食货轻重之权,悉制在掌握,入贱出贵,国家获利,使四方无甚贵甚贱之病。

【译文】

唐朝刘晏任转运使时,正当安史之乱刚刚平息,各项费用都要他来筹措。他曾经以重金招募天下善于奔走的人,设置驿站让他们相互传递消息,预测、通报四方物价,即使是在远方,没几天就传到了。这样就使各地的经济增长变化都在他的掌握之中,物价低贱时收购,物价高涨时出卖,国家因此获得很大的利润,各地的物价也较为平稳,没有出现价格过高过低的弊端。

讽谏十九

【提要】

劝谏的方式有直谏、讽谏，随着古代君权专制的逐步加强，讽谏就成为一种主要的劝谏方式。本卷列举了成功讽谏的事例，意在总结各种各样讽谏的方式、方法及作用。

【原文】

苦口者，良药也；逆耳者，忠言也。顾或戆或激，直且贾祸，岂尽听者之过哉？夫纳约者，牖其明。君有诤臣，父有诤子，士亦有诤友，其用广，而其揆一也。罕譬者，曲为喻，于《易》取诸巽，于《诗》取诸风，集进言之前事，有足征者，书为世鉴。

【译文】

人们常说：苦口的药一定是良药，逆耳的话一定是忠言。不过，在进忠言时，有的愚而刚直，有的过分率直，其结果往往是招致祸患，这难道全是听者的过错吗？因而，进忠言于君王，必须要从明白而又易于接受的地方入手。君王有直言谏诤之臣，父亲有直言规劝之子，士人也有直言规劝之友。忠言谏诤的用途是很广的，但本质却是一样的。那就是在劝谏时避免直言，而用比喻来开导，学习《易经·巽》所示的谦逊委婉以及《诗经》中风诗那样婉转讽谏。此处，收集了前人进谏规劝之事中有足以证验可取的，记录下来，以为世人借鉴。

【原文】

齐景公有马，其圉人杀之。公怒，援戈将自击之。晏子曰："此不知其罪而死，臣请为君数之。"公曰："诺"。晏子举戈临之曰："汝为我君养马而杀之，而罪当死；汝使吾君以马之故杀圉之，而罪又当死；汝使吾君以马故杀圉人，闻于四邻诸侯，而罪又当死。"公曰："夫子释之，勿伤吾仁也。"

【译文】

齐景公有一匹马，养马的官吏把它杀了。景公非常愤怒，拿起武器要亲自杀掉那个官员。晏子说："这个官员还不知道自己犯的什么罪就被杀了，请允许我替您列举他的罪状。"景公说："行"。晏子举着武器对那个官员说："你为我们君王养马，却把它杀了，你的罪过应该处死；你使我们君王因为一匹马而杀了养马的官员，你的罪过应该处死；你使我们君王由于一匹马的事而杀了养马的官员，这事传扬到四邻各国，将会有损我们君王的声誉，你的罪过更应当处死。"景公说："夫子放了他吧，不要损害了我的仁爱之心。"

【原文】

吴大帝孙权，尝怪校尉殷模，罪至不测。群下多为之言，权怒益甚，与相反复，惟诸葛瑾默然。权曰："子瑜何独不言？"瑾避席曰："瑾与殷模等，遭本州颠覆，生类殄尽，弃坟墓，携老幼，披草莱，归圣化。在流隶之中，蒙生成之福，不能躬相督厉，陈答万一。至令模辜负大恩，自陷罪戾，臣纠过不暇，诚不敢有言。"权闻之怆然，乃曰："特为君赦之。"

【译文】

三国时期吴国皇帝孙权，曾经要治罪于校尉殷模，人们不知道殷模会得到什么样的惩罚。当时群臣都为殷模说情，孙权反而更加恼怒，劝谏者反复进言，只有诸葛瑾默默无言。孙权说："子瑜，你为何偏偏不说话呢？"诸葛瑾离开座位恭敬地说："我与殷模一样，都是在遭受本州战乱之祸，生灵涂炭之时，抛弃祖宗坟墓，携带全家老幼，身穿草麻之衣，来投奔您这圣人教化之区的。在流亡的贱民里，承蒙您救助提拔，却不能亲身监督勉励，以报答您万分之一的恩惠，至使殷模辜负您的大恩，自陷罪过之中。我纠正过失都来不及，确实不敢说什么话。"孙权听后，表现出悲伤的样子，便说道："因为您，我特地赦免他。"

【原文】

贾诩事曹操时，临淄侯植，才名方盛。操尝欲废丕立植。一日屏左右问诩，诩嘿不对，操曰："与卿言不答何也？"对曰："属有所思。"操曰："何思？"诩曰："思袁本初、刘景升父子。"操大笑，丕位遂定。

【译文】

贾诩为曹操属下时，临淄侯曹植才名正盛，曹操曾想废曹丕而立曹植。有一天，曹操屏退左右问贾诩，贾诩默然不答。曹操说："我同你说话，你为何不回答？"贾诩回答说："我正在想一个问题。"曹操说："想什么？"贾诩说："我在想袁绍、刘表父子的事。"曹操大笑，于是就定了曹丕做继承人。

【原文】

唐庄宗好猎，践民田中。牟令当马切谏，庄宗怒，叱出将杀之。伶人敬新磨知不可，乃率绪伶追令前，责之曰："汝为县令，奈何纵民稼穑以供赋税，何不饥汝民而空其地，以备天子之驰驱？汝罪当死。"因请亟行刑。庄宗悟，笑而释之。

【译文】

后唐庄宗喜欢打猎，因此而践踏到农民的田地。中牟县令挡着马头恳切劝谏，庄宗大怒，斥责要将他杀掉。戏子敬新磨知道不能杀掉中牟县令，便率领一些戏子赶到中牟县令前责备他道：

"你当县令,为什么放纵农民种庄稼来交纳赋税?为什么不让你的百姓饿着肚子,空出田地,以便让天子在上面任意驱驰?你的罪过应该处死。"便请求赶快执行死刑。庄宗醒悟,笑着释放了中牟县令。

【原文】

唐文德皇后既葬,太宗即苑中作层观以望昭陵,引魏征同升。征熟视曰:"臣目眊不能见。"帝指示之,征曰:"此昭陵耶?"帝曰:"然。"征曰:"臣以陛下为望献陵,若昭陵则臣固见之矣。"帝泣为之毁观。

【译文】

唐太宗的文德皇后已经安葬了,唐太宗便在林苑里修筑了一个几层高的楼观用以观望昭陵。一次,太宗与魏征一起登上楼台,魏征仔细地向远处看了看后说:"我眼睛昏花看不到什么。"唐太宗便指点着让他观望,魏征问:"这是昭陵吗?"唐太宗说:"是。"魏征说:"我以为陛下正在观望高祖的献陵;若是昭陵,那我早就看到了。"唐太宗听后就哭了,因此拆毁了这个楼观台。

【原文】

蜀汉时,天旱,禁私酿。吏于人家索得酿具,欲论罚。简雍与先主游,见男女行道,谓先主曰:"彼欲行淫,何以不缚?"先主曰:"何以知之?"对曰:"彼有其具?"先主大笑而止。

【译文】

三国时期蜀汉时,天气大旱,私人酿酒是被禁止的。有个官吏在某人家中搜到了酿酒的器具,便想依罪惩处。简雍与先主刘备出游，遇见有男女二人在道路上行走，就对刘备说："他们即将进行奸淫之事，你为何不把他们捆绑起来？"刘备问道："你怎么知道？"简雍说："因为他们有奸淫的器具呀！"刘备大笑，便取消了对搜出酿酒器具的人家治罪的政策。

辞锐二十

【提要】

口才这门学问，历来以敏锐的言辞最受古人推崇，无论议政或外交，国家的荣辱祸福常系一人之口。本卷汇集的利口巧辩的故事，都是作者认为有弼于国政实效，且有利于发扬君子之道的事例。

【原文】

士掉三寸舌，强于百万师，固非辞不为功，而或者概以骋辩少之何欤？夫言语之科，圣门所贵；专对之才，智者其难。正笏而决大议；奉圭而修邻好，茹吐之间，荣辱随之矣。《书》曰："惟口出好兴戎。"《诗》曰："辞之辑矣，民之怿矣；辞之洽矣，民之莫矣。"盖辞之不可已也，如是。

【译文】

士人鼓动着三寸之舌，胜过百万的大军，言辞不锐利是不能成功的。可是，为什么有人还瞧不起施展辩才的人呢？口才这门学问，是孔圣人之门所看重的；出使交涉，随机应对的才能，即使对一个有才智的人也是困难的。手执朝板，端坐朝堂而决定国家大事；捧着圭玉，参加诸侯朝会而建立和睦的邻里关系；谈吐之间，国家的祸福荣辱也就随之而来了。《尚书》说："口出好言善德，也可以引起战争。"《诗经》说："说出话来败理呀，老百姓们遭灾殃；说出话来合理呀，老百姓们都舒畅。"可见，辞令不可缺少，就是这个样子啊！

【原文】

　　汉建安二十四年，先主为汉中王，遣司马费诗拜关羽为前将军。羽闻黄忠为后将军，怒曰："大丈夫终不与老兵同列。"不肯受拜，诗谓羽曰："夫立王业者，所用非一。昔萧曹与高祖少小亲旧，而陈韩亡命后，至论其班次，韩最居上，未闻以此为怨。今王以一时之功，隆崇于汉室，然意之轻重，宁当与君侯齐乎？且王与君侯，譬犹一体同休，等戚共之。愚谓君侯不宜计官号之高下，爵禄之多少为意也。仆一介之使，衔命之人，君侯不受拜，于是便还，但相惜此举动，恐有后悔耳。"羽大感悟，遽即拜受。

【译文】

　　汉朝建安二十四年，先主刘备自称汉中王，派遣司马费诗前往荆州拜关羽为前将军。关羽听说黄忠为后将军，十分生气地说："大丈夫怎能与一个老兵排在同一个级别？"不肯接受这一任命。费诗对关羽说："创建帝王大业，所使用的人才并非一种。当年萧何、曹参与汉高祖从小就是亲近故交，而陈平、韩信却是从敌方逃来投奔高祖的。然而，在封赏排列班位名次时，韩信却位居第一。对此，并没有听说萧、曹二人生气。现在，汉中王因黄忠建立了一时大功，对他加以尊崇；可是，在汉中王心中的份量轻重，他黄汉升怎能与君侯您相比呢？况且汉中王与君侯您的关系，好比一个整体，有福同享，有难同当。我认为不应当计较官位的高低和爵禄的多少。我只是个微不足道的使者，奉命行事的人，但是，我很为您这一举动惋惜，担心您将来会后悔的。"关羽听后大为感动并醒悟过来，马上接受了任命。

【原文】

　　秦攻赵于长平，大破之，引兵归，使之索六城于赵。讲计未定，楼缓新从秦来，赵王与缓计之，缓辞曰:"此非臣所知也。"王曰:"虽然,试言之。"缓曰:"王亦闻夫公甫文伯母乎? 公甫文件,官于鲁,病死,妇人自杀于房中者十六人,其母闻之,不哭也。相室曰:'焉有子死而不哭者乎?'其母曰:'孔子,贤人也,逐于鲁,是人不随;今文伯死,而妇人为死者十六人,是其于长者薄,而于妇人者厚,我何哀为?'故从母言之,为贤母;从妇言之,必不免于妒妇也,其言一也。言者异,则人心变矣,今臣新从秦来,而言勿与,则非计也;言与之,则恐王以臣之为秦也,故不敢对。使臣得为王计,不如予之。"王曰:"诺"。虞卿闻之,入见王曰:"此饰说也。秦之攻赵也,倦而归乎? 王以其力尚能进,爱王而不攻乎?"王曰:"秦之攻我也,不遗余力矣,必以倦而归也。"虞卿曰:"秦以其力攻,其所不能取倦而归,王又以其力之所不能攻而资之,是助秦自攻也,来年秦复攻王,王无以救矣。"王以虞卿之言告楼缓,楼缓曰:"虞卿能尽知秦力之所至乎? 诚不知秦力之所至,此弹丸之地,犹不予也。今秦来复攻,王得无割其内而讲乎?"王曰:"诚听得割矣,子能必秦之不复攻我乎?"对曰:"此非臣所敢任也。三晋之交,于秦相若也,今秦释韩魏而独攻王,王之所以事秦,必不如韩魏也。今臣为足下解负亲之攻,启关通币,齐交韩魏,至来年而王独不取于秦,王之所以事秦者,必在韩魏后也,此非臣所敢任也。"王以楼缓之言告虞卿,虞卿曰:"此自尽之术也。秦虽善攻,不能取六城;赵虽不能守,亦不至失六城。秦倦而归,兵必罢,我以六城收天下,以攻罢秦,是我失之于天下,而取偿于秦也。吾国尚利,孰与坐而割地自弱以强秦。今从楼缓之说,是使王岁以六城事秦也,即坐而地尽矣,来年秦复求割地,王将予之乎？ 不予则是弃前资而挑秦祸也,予之则无地而给之,且秦虎狼之国也,其求无已,而王之地有尽,以有尽之地,给无已之求,其势必无赵矣。故曰,此饰说也,王必勿予。"王曰:"诺。"楼缓闻之入见王曰:"不然。虞卿得其一,未知其二也。秦赵构难,天下将因强而乘弱。今赵兵困于秦,天下之贺战胜者,必在秦矣,故不若亟割地求和,以疑天下慰秦心,不然天下将因秦之怒,乘赵之敝而瓜分之,赵且亡,何秦之图？"虞卿闻之入见王曰:"危矣！楼子之为秦也。夫赵兵困于秦,又割地为和,是愈疑天下而何慰秦心哉？ 且臣曰勿予者,非固勿予而已也。秦索六城于王,王以六城赂齐,齐秦之深仇也。得王六城,并力而西击秦,齐之听王,不待辞之毕也。是王失于齐,而取偿于秦也。"赵王曰:"善"。因发虞卿东见齐王,与之谋秦,楼缓闻之逃去。

【译文】

长平之战,秦军打败了赵国军队,大获全胜。秦军回国后,派人到赵国索要六个城邑来作为讲和的条件。赵国尚未拿定主意,楼缓从秦国刚刚回来,赵王就与楼缓商议此事,楼缓推辞说:"这不是我所知道的事。"赵王说:"即使如此,还是请你试着谈一谈。"楼缓说:"您听说过公甫文伯母亲的事吗？公甫文伯在鲁国为官,病死后,为他自杀的妻妾有十六人,但他的母亲听说儿子死后,并没有哭。料理家务的人说:'哪有儿子死了而母亲不伤心哭泣的呢？'他的母亲回答说:'孔子是鲁国的贤人,被驱逐出鲁国,我的儿子并没有去跟随。现在他死了,妻妾为他自杀的有十六人。这样看来,他对有德行的人感情淡漠,但对妻妾感情深厚,我为什么还要替他哀伤呢？'这话从他母亲的口中说出,说明母亲是个贤明的母亲；但如果这话是他的妻妾说出的,就不免被认为是个妒忌的妻子。她们所说的话相同，但说话的人不同，则用心就不一样。现在我刚从秦国回来，如果说不割让土地，这并不是一个好办法；如果说割让土地给秦国，又害怕大王认为我是在帮助秦国，所以不敢回答。如果让我替大王考虑，不如割让土地给秦国。"赵王听完后说："好。"

虞卿听说后，拜见赵王说："这是狡辩。秦国军队进攻赵国，大王认为是秦军疲惫后撤退呢？还是他们的力量能够进攻，因为爱护赵王而不进攻呢？"赵王回答道："秦军进攻我们赵国，已经使出了所有的力量，必定是因为军队疲惫不堪而撤退回国的。"虞卿说："秦国倾其全力来攻打赵国，不能攻占更多的地方而军队疲惫撤退，如果您答应割让土地给秦国，就是把秦军无力攻占的地方送给了秦国，这样就等于资助了秦军，是帮助秦军攻打自己。如果明年秦军再来进攻的话，大王就没有办法再挽救赵国了。"赵王把虞卿的话告诉了楼缓，楼缓说："虞卿能全部知道秦军兵力最大限度发挥到什么程度吗？如果不知道这些的话，像这样的弹丸之地，都不想割让，现在秦军如果再来攻打的话，大王岂不是要割让内地来求和吗？"赵王说："如果我听取你割让土地的意见，你能保证秦国不再进攻赵国吗？"楼缓回答说："这不是我所能担保的。韩、赵、魏与秦国结交时，情况差不多是相同的。现在，秦国放弃了韩、魏而单独进攻赵国，一定是大王服侍秦国比不上韩、魏的缘故。如今我为大王解除因背叛盟国而招致的进攻，开放边关互相贸易，只能使赵国与秦国讲和的程度同韩、魏相等，至于来年赵王您单独不能取悦于秦，那说明您侍奉秦国的程度不如韩、魏，这正是我所不敢担保的地方。"

赵王又把楼缓的意见告诉了虞卿，虞卿说："这是自取灭亡的办法。秦军虽然善攻，却不能攻占赵国六城；赵军虽然不善于守卫，也不至于一下子就失掉六个城邑。秦军疲惫不堪而撤退，对外的战争必定会停止。我们用六个城邑来结交东方各国，去进攻疲乏无力的秦军，这样我们虽失掉六个城邑，但却能从进攻秦国中得到补偿。赵国尚且从中得利，这哪能与割让土地、削弱自己而去壮大秦国的势力相提并论呢？现在如果听从楼缓的意见，实际上就是让大王每年拿六个城邑去孝敬秦国，结果必然是最终将全部国土送给了秦国。假若明年秦国又来要求割地,请问大王您会同意再次割让土地给秦国吗?不同意割让,就等于失掉了前面割让的土地,并且又给了秦军前来进攻的借口;同意割让,则最终必然无地可给。况且,秦国是虎狼成性的国家,它的贪求没有止境,而大王的国土有限,用有限的国土去满足无限的贪求,其结果必然是赵国灭亡。所以我说这是楼缓的狡辩,大王您一定不要答应割让土地给秦国。"赵王说:"好。"

楼缓听说后,拜见赵王说"事情不是这样的。虞卿只知道其一,不知其二。秦、赵交战,东方各国都将依靠强国来欺凌弱国。现在赵军被秦兵围困,各国庆贺战争胜利的使者,都一定到了秦国。不如迅速割地求和,使东方各难以揣测秦赵关系的变化,而且又可缓解秦国的敌意。不然的话,各国将利用秦国的愤怒,趁赵国疲惫的时候前来瓜分赵国。到那时,赵国已面临灭亡的危险,还谈什么算计秦国呢?"虞卿听说了这些话后,会见赵王说:"太可怕了!楼缓竟如此替秦国说话。赵军被秦兵围困,又割地求和,这就越发使各国疑心赵国软弱可欺,又哪能借此缓解秦国的贪心呢?而且我所说不割让土地给秦,并不是指这六个城邑不能割让。秦国向您索要的六个城邑,大王可把它送给齐国,齐国和秦国之间有深仇大恨,如果齐国得到了大王割让的六个城邑,就会齐心协力地向西进攻秦国。齐王听从大王的话,不等我们说完话便会答应的。就算大王失去了送给齐国的城邑,却能从联齐攻秦中得到好处。"赵王说:"好。"就派遣虞卿向东去见齐王,与齐王商议对付秦国的办法。楼缓听说后,便从赵国逃跑了。

【原文】

　　宋李纲欲用张所,然所尝论宰相黄潜善,纲颇难之。一日遇潜善,款语曰:"今当艰难之秋,负天下重责,而四方士大夫号召未有来者,前议置河北宣抚司,独一张所可用,又以狂妄得罪,第今日势迫,不得不试用之。如用以为台谏处要地则不可,使之借官为招抚,冒死立功以赎过,似无嫌。"潜善欣然许之。

【译文】

宋代的李纲想任用张所,可是张所对宰相黄潜善曾有过不满的议论,李纲为此颇感为难。有一天,李纲遇见黄潜善,诚恳地对他说:"现在国家正处于危难之时,我们都担负着天下的重任,而四方的士大夫,虽然听从了我们的号召还没有到来。前几天商议安排河北宣抚司一职,只有张所一个可以担当此任,可他又因狂妄得罪了您。现在形势急迫,不得不试用他。如果用他做御史、谏议大夫一类要职,那是不行的;让他暂时当个招抚使,去冒死杀敌立功赎过,好像不大碍事。"黄潜善欣然表示了同意。

岳飞

善应二十一

【提要】

本卷主要从涉及社会生活的许多方面:大到国家的内政、外交,小到日常的饮食、言谈、行为举止,乃至抢劫、绑架等方面讲述善言应对。目的在于增广见闻,开启心智,增强处变不惊的应对技巧。

【原文】

事来而不知所以应之,有手足无措者矣。或乃仓卒谈笑,而随机赴节,动中窾隙,抑又何欤?夫人之才分,各有所至,灵心辟而特进一筹,更事多而倍绕肆应。节取其事,不惟其人试探夫囊底之智,要更足以博因应之资云尔。

【译文】

事到临头而不知道如何应付,就像有手足而不知道怎么放置一样。有的人匆忙之际，谈笑之间就能随机应变，合于符节，切中要害，使问题得到圆满的解决。这是什么原因呢？一般来说，每个人的才能是有高有低，不在同一层次的。如果灵心萌动，那么应变能力就更进了一层；而愈是见多识广，自然也就愈能够得心应手地应付各种各样的事情。下面选取一些妙手应对的事，读后不但可以帮助我们探求世人"囊"中的智慧，而且还可以使我们获取不少随机应变的妙法。

【原文】

　　三国时，吴魏濡须之战，孙权尝乘大船来观曹军。曹军弩箭乱发，箭着船旁，船偏重，权令回船，更一面以受箭，箭均船平。

【译文】

　　三国的时候，吴魏两国在濡须作战。期间有一次，孙权乘坐大船来观察曹操军队的虚实。曹军将士乱箭齐发，射过来的羽箭集积于船的一边，致使船身倾斜，孙权命令掉转船身，让船的另一边来承受箭支。等箭射到与另一边一样多了，船也就恢复了平衡。

【原文】

　　岳飞知金恶刘豫，可间而动。会军中得金谍者，飞阳责之曰："汝非吾军人张斌耶？吾向遣汝至齐约诱至四太子，汝往而不复来；吾继遣汝问齐，已许我以会合寇江为名，致四太子于清河，汝所持书竟不致，何背我耶？"谍冀缓死，即跪服，乃作蜡书言与刘豫共谋谍金事，复遣至齐问举兵期，刲股纳书，戒勿泄。谍归以书报金太子，太子大惊，驰白其主，遂废豫。

【译文】

　　岳飞知道金人不喜欢伪齐王刘豫，于是想用反间计来离间他们。正巧部队捉获了一名金国间谍。岳飞假装认错了人，责备他说："你不是我部下张斌吗？我前段时间派你到齐国去，与齐王商议引诱金国四太子的事，你竟然一去而没有回来；我后来又派人到齐国询问，齐国已经答应我用'会合寇江'为名，把金国四太子引到清河。你没把书信送到，你为什么要背叛我呢？"那金国密探希望能延缓死期，所以就假装认罪。岳飞于是又写一封蜡信，信上写的是和刘豫共同谋划抗击金兵的事，并说要再次派"张斌"到刘豫那里问起兵的具体日期。岳飞让"张斌"割破大腿，把书信藏在里面，嘱咐他千万不要泄露风声。暗探脱身出了宋营后，跑回金营，把信交给了四太子，四太子非常吃惊，派人报告金国国主，不久就将刘豫废掉了。

【原文】

　　明太祖初造宝钞，屡不成，将戮工匠。匠惧，乃妄奏云："前代造钞，皆用贤人心肝然后成。"太祖信之，入以语后马氏，欲于文臣内从事。马后启曰："以妾观之，今秀才们所作文章，即是贤人心肝，用之足矣，焉用杀为？"高皇大悦，乃于国子监取而用之。钞遂成，故监生常课之外，别有进呈文字，谓之进呈册，置尚宝司局中，永为定例。

【译文】

　　明太祖当初制造宝钞时，工匠们屡次试造都不能成功。太祖大怒，要把那些工匠全都杀掉。工匠们十分害怕，就对皇帝编了一个荒诞的谎，说："从前人们造宝钞，都要用贤人的心肝，然后才能制成。"太祖信以为真，对马皇后讲了这件事，并说要从文臣中选贤人，取其心肝。马后对太祖说："依我看来，如今秀才们所做的文章，就都是贤人心肝。用这些文章就足够了，何必再杀人呢？"太祖非常高兴，就让人到国子监取了秀才们的文章拿来造钞，于是，宝钞造成了。从那以后，国子监的秀才们除日常的课程之外，还有专门进呈的文章，称为进呈册，存放在尚宝司局中。这种做法，成了以后的定例。

【原文】

明周之屏，在南粤时，张江陵欲行丈量，有司以僮徭田不可问。比入觐，藩臬郡邑，合言于朝，江陵厉声曰："只管丈。"周悟其意，揖面出，众尚嗫嚅。江陵笑曰："去者解事人也。"众出问周云："何？"曰："相公方欲一法度以齐天下，肯明言有田不可丈耶？申缩当在吾辈。"众方豁然。

【译文】

明代的周之屏曾经在南粤做官，一次，张居正想测量全国土地，地方官吏们认为僮、徭等族的田地不能丈量。等到入京朝见皇帝时，大家一齐把这个意见反映给朝廷，张居正厉声道："只管丈量就是。"周之屏明白了张丞相的言下之意，行礼后退出，而其他人还在嗫嚅。张居正笑道："出去的那个人已经明白了我的意思。"大家都追出来询问周之屏说："张丞相究竟是什么意思？"周之屏道："张丞相正想统一法令制度来整顿天下财务，哪能公开讲有些田地不可丈量呢？能否变通，全凭我们自己掌握了。"大家这才恍然大悟。

伯乐相马

【原文】

　　明黔国公沐朝弼，犯法当逮。朝议谓朝弼纪纲之卒且万人，逮恐激变。张居正擢用其子，驰单使缚之，卒不敢动，既至请贷其死，而锢之南京，人以为快。

【译文】

　　明朝黔国公沐朝弼触犯法律，应该逮捕。朝中有人议论说沐朝弼所带的兵士有上万人，逮捕他怕激起士兵的叛乱。张居正提拔沐朝弼的儿子继承父职，只派了一个使者把沐朝弼绑了来，兵士们都不敢轻举妄动。沐朝弼被带到朝廷后，张居正又请求皇帝免除他的死罪，将他囚禁在南京。人们认为此事处理得大快人心。

【原文】

　　宋赵方为荆湖制置使，一日方赏将士恩，不偿劳军士，势欲为变。子葵时年十二、三，觉之，亟呼曰："此朝廷赐也，本司别有赏。"军心一言而定。

【译文】

　　宋朝的赵方，是荆湖制置使。有一天，赵方犒赏了将领的功劳而没有奖赏士兵，士兵的势态将要发生变乱。赵方的儿子赵葵，当时年仅十二三岁，发现情况不妙，大声亟呼道："这是朝廷的赏赐，制置使还有另外的赏赐给军士！"军心因他这一句话马上就安定下来。

驭人二十二

【提要】

　　支配、掌握、控制别人，是每个管理者都应精通的一门学问。驭人如驭马，擒贼先擒王。驭人方法的得当与否，往往决定着竞争者的命运与前程。

【原文】

马之力大于人，乃人执策而临之，进退惟命不敢执拗者，六辔在手也。惟人亦然，驭之得其策，则缰以戎索，远人可以羁縻，入我牢笼，奸宄随所操纵，虽有泛驾之材，不羁之性，无难鞭箠使之矣。《诗》曰："抑罄控忌，抑纵送忌。"盖不独善驾马者，惟王良造父为然也。

【译文】

马的力气大于人，却被人拿着鞭子驱赶，无论进退，唯人之命令是从，不敢违抗，这是由于马缰在人的手中。对人的统治也是如此，如果控制方法得当，那么把对戎狄的控制政策当作马缰，则边远地区的百姓就可以束缚住，从而进入我们的掌握之中，那些犯法作乱的人也就由我们随意操纵了。即使有翻车难控之材，桀骜不驯之性，也不难用马鞭来轻驭了。《诗经》中说："把马儿勒紧停下，再把马儿放纵跑开。"擅长驭马的人，不仅是王良、造父才能如此啊！

【原文】

宋熙宁中，高丽入贡，使者凌蔑州郡，押伴使臣，皆本路管库，乘势骄横，至与钤辖亢礼，时苏轼通判杭州，使人谓之曰："远夷慕化而来，理必恭顺，今乃尔暴恣，非汝导之，不至是，不悛当奏之。"押伴者惧，为之小戢。使者发币于官吏，书称甲子，公却之曰："高丽于本朝称臣，而不禀正朔，吾安敢受。"使者亟易书称熙宁，然后受之。

【译文】

　　宋神宗熙宁年间，高丽前来进贡，他们的使者蔑视沿途州郡的地方官员。陪同使臣都是沿途官府的管库人员，也仗势骄纵横行，以至于同钤辖司长官平起平坐，分庭抗礼。当时苏轼担任杭州通判，让人告诉陪伴使臣的人说："远方外族觐见我朝，愿意接受教化，因而前来进贡，按理必定恭顺。而今却这样放纵凶暴，若不是你引导他，就不至于这样。你要是不改正，我们就要上奏朝廷。"陪同使臣的人害怕了，便收敛了些。高丽使者在给官吏送礼物的文书中以甲子纪年，苏轼便把它退了回去说："高丽向宋朝称臣，却不按照宋朝的正统历法，我哪敢接受！"高丽使者赶快改变写法，称"熙宁"，然后苏轼才接受。

【原文】

　　宋太宗大渐，内侍王继恩忌太子英明，阴与参知政事李昌龄等谋立楚王元佐。吕端问疾禁中，见太子不在旁，疑有变，乃以笏书"大渐"二字，令亲密吏趣太子入侍。太宗崩，李皇后命继恩召端。端知有变，即绐继恩使入书阁，检太宗先赐墨诏，遂镵之于阁而入。皇后曰："宫车已晏驾，立子以长，顺也。"端曰："先帝立太子，正为今日。今始弃天下，岂可遽违命有异议耶？"乃奉太子。真宗既立，垂帘引见群臣，端平立殿下不拜，请卷帘，升殿审视，然后降阶，率群臣拜呼万岁。

【译文】

　　宋太宗病危，内侍宦官王继恩忌恨太子英明，就暗地里和参知政事李昌龄等勾结谋划另立楚王元佐。吕端到宫中探问皇帝病情，看见太子不在皇帝身边，怀疑会有什么变故，就在笏板上写了"大渐"二字，命令亲密的官吏去催促太子入宫侍奉皇帝。太宗死了，李皇后叫王继恩宣吕端进宫。吕端知道有变故，就欺骗王继恩到书阁中，检视太宗以前赐给的亲笔诏书，把王继恩锁在书阁中,然后自己去后宫。皇后说:"皇帝已经去世,立长子为皇位继承人是合情合理的。"吕端说:"先帝立太子,正是为了今日。目前皇帝刚刚去世,怎么可以很快就违背圣命而持相反的意见呢?"于是,奉太子为皇帝。宋真宗继位成为皇帝后,垂帘召见群臣。吕端平身站在金殿下面而不跪拜,请皇帝卷起帘子,自己登上金殿,他细看真切之后,才走下殿阶,领着群臣跪拜,口呼"万岁"。

【原文】

汉袁盎,患为宦者赵谈所害。兄子种为常侍骑,谓盎曰:"君众辱之后,虽恶,君上不复信。"于是上朝东宫,赵谈骖乘,盎伏车前曰:"臣闻天子所与共六尺舆者,皆天下英豪,陛下独奈何与刀锯之余共载?"于是上笑下赵谈,谈即下车。自是谈不复能陷盎。

【译文】

汉代袁盎,担心被宦官赵谈陷害。他哥哥的儿子袁种担任常侍骑的职位,对袁盎说:"您可以当众羞辱赵谈,以后他即使再说您坏话,皇帝也不会相信了。"所以有一天,皇帝驾车赴东宫,赵谈陪皇帝坐在车的右边。袁盎跪伏在车驾前说:"我听说同天子共乘一辆车的,都是天下英豪。陛下为何偏偏要同受过腐刑的宦官同乘一辆车呢?"于是,皇帝便命令赵谈下车。自这以后,赵谈再也不能够陷害袁盎了。

【原文】

东汉真定王扬谋反,光武使耿纯持节收扬。纯既受命,若使州郡者,至真定,止传舍。扬称疾不肯来,与纯书欲令纯往。纯报曰:"奉使见侯王,牧守不得先往,宜自强来。"时扬弟让,从兄绀。皆拥兵万余,扬自见兵强,而纯意安静,即从官属诣传舍,兄弟将轻兵在门外,扬入,纯接以礼,因延请其兄弟皆至,纯闭门悉诛之,勒兵而出。真定震怖,无敢动者。

【译文】

东汉初,真定王刘扬谋反,光武帝让耿纯拿符节去拘捕刘扬。耿纯受命后,像出使州郡的使者一样,在真定招待使者的旅舍里住了下来。刘扬借口有病,不肯相见,派人给耿纯送来一封信,想请耿纯过去相见。耿纯写信回答说:"我奉命出使到王侯、州郡长官所在地来面见侯王,不能主动前往拜见,如果您想见面,可勉强支撑病体到旅舍里相见。"当时刘扬的弟弟刘让、堂兄刘䌷都领兵万余人,刘扬仗着自己兵多势众,又因为耿纯的意态比较安静,随即带领下属官员和随从到了旅舍。耿纯以礼相迎,于是请他的兄弟都前来相见,刘扬的兄弟便入内相见。这时,耿纯便关上门把刘扬兄弟几人全都杀掉,然后率兵而出。整个在场的真定兵,都震惊恐惧,无人敢动。

利导二十三

【提要】

"利导"的方法,是指顺应事情的发展趋势加以引导督促,使之朝有利的方向发展转化。因势利导,以利为本。变不利为有利,化无用为有用。

【原文】

固防塞堤,不如决之使流,因其势也。夫纳约自牖,则听若转环;披却中窾,则涣若冰释。善因者不更化而成,不易民而理,若禹之行水也,行其所无事,则导之而已矣。导者以利为本,因区其事以资取法焉。

【译文】

　　加固堤防堵塞洪水，不如除掉障碍使水流通畅，这是顺应水势而治。谏言正确通畅，则听起来就圆转自如，容易接受；解牛顺着关节，就可以避开筋骨，顺畅解决如同冰雪融化一样。善于因势利导，不改变教化，政治就能成功，不使百姓的风俗和状态改变，国家就能得到治理。这就像大禹治水一样，没什么别的方法，只是疏导洪水使它流通就可以了。因势利导，利是根本。于是，列举许多事例，以供人们从中得到启迪。

【原文】

　　田单复齐，立襄王，相之。过淄水，有老人涉淄而寒，栗不能行，坐于沙中。单解裘而衣，襄王恶之，曰："田单之施，将以取我国乎？不早图，恐后之。"左右顾，无人。岩下有贯珠者，呼而问之，曰："汝闻吾言乎？"对曰："闻之。"王曰："汝以为何若？"对曰："王如不因以为己善。下令曰：'寡人忧民之饥也，单收而食之；寡人忧民之寒也，单解裘而衣之。'单有是善，而王嘉之善，单之善，亦王之善矣。"王曰："善。"乃赐单牛酒，嘉其行。数日，贯珠者复见王，曰："王至朝日，宜召田单揖之于庭，而口劳之于市。"乃布令求百姓之饥寒者，收谷之，乃使人听于闾里：闻相与语曰："田单之爱人，乃我王之牧泽也。"

【译文】

　　田单复兴齐国时，立齐襄王为君，他被任命为相国。有一次经过淄水，发现一位老人渡过淄水时寒冷而颤抖，无法前进，坐在沙岸边。田单就脱下自己的皮衣给他穿。襄王对此心怀疑忌，说："田单广施善行笼络人心，难道是要篡夺我的国家？如不早加提防，恐怕要受他挟制。"说罢环视左右见周围无人，却发现山崖下边有个贯珠人。襄王便大声问道："你听到我的话了吗？"贯珠人答："听到了。"襄王说："你认为怎么样？"贯珠人答道："大王为何不因势利导，把田单的善行变成自己的善行，您下命令说：'我担心百姓挨饿，所以田单收容并养活他们；我担心百姓受寒，所以田单脱下皮衣给老人穿。'田单广施善行，大王嘉奖他，那么这样他的善行也就变成大王的善行了。"襄王听了说："好！"于是齐襄王给田单赏赐了牛和酒，以表彰他的善行。几天后，贯珠人又来见襄王说："大王到了临朝的日子，大王应在朝廷上向田单作揖致谢。并在繁华市井广为宣传，下令寻求饥寒的百姓，收容养活他们。"事后襄王派人到民间打听，听到百姓们相互议论说："田单爱护百姓，原来全部都是我们襄王的恩德啊！"

沉机二十四

【提要】

　　本卷所列举的事例说明，要想获得成功，必须善于抓住三个方面：一、要善于捕捉事情变化的趋势，把握变化的先机，长远考虑。二、要掩藏好真正的动机、步骤，不露声色，韬光养晦。三、还要隐忍图存，伺机而动。

【原文】

　　机者动之微，少纵即逝，不密害成，故非明无以辨之，非柔无以克之，是沈之为用尚焉。《易》曰："尺蠖之屈，以求信也；龙蛇之蛰，以存身也。"又曰："惟深也，故能通天下之志，惟几也，故能成天下之务。"因抚囊轨，并巾帼之饶智术者，略著其梗概云。

【译文】

机是事物变化所显示的征兆或迹象。稍纵即逝，不缜密就会酿成灾害，所以不明事理就无法分辨它，不用柔顺的办法对待就无法克服它。这就是说深谋所产生的作用是重大的。《易》说："尺蠖的弯曲，是为了求得伸展；龙蛇的冬眠，为的是保存自己。"又说："正因其深奥，所以能贯通天下的思想智慧；正因其隐微，所以能成就天下的事物生长。"因而摸索前人在这方面规范性的做法，连同巾帼中富有智术的事迹大致写下它们的梗概。

【原文】

宋绍兴中，京东王寓新淦之涛泥寺，尝燕客中，夕散，主人醉卧。俄有盗群入，执诸子及群婢缚之。群婢呼曰："司库钥者兰姐也。"兰即应曰："有，毋惊主人。"付匙钥，秉席上烛指引之，金银酒器首饰，尽数取去。主人醒方知，明发诉于县。兰姐密谓主人曰："易捕也，群盗皆衣白，妾秉烛时，尽以烛泪污其背，当密令捕者，以是验。"后果皆获。

【译文】

宋朝高宗绍兴年间，京东的王氏借居在新淦的涛泥寺。他曾经设宴请客，直到半夜才散席。主人喝醉睡了，一会儿，有伙盗贼闯进来了，捉住他的儿子和众多婢女，把他们都绑了。婢女们大叫说："掌管库房钥匙的是兰姐。"兰姐立即回答说："我这儿是有钥匙，不要惊动主人！"兰姐把钥匙交给他们，又拿起宴席上的蜡烛指引他们去库房，这样金银、酒器、首饰全部被盗贼拿走了。主人醒了，才知道这回事，天亮后就到县里去告状。兰姐秘密地对主人说："这伙人容易捉到，他们都穿着白色的衣服，我拿蜡烛时，用蜡油把他们的背全都弄脏了，应当暗地里下令捕捉的人靠这个查验。"后来，果真捉获了那些小偷。

穷变二十五

【提要】

　　立身处世,首先需要达练人情世态。人情瞬息万变,世态诡诈百出,知人料事,须洞见先机。知彼知己,万无一失。

【原文】

　　人情之变态甚矣!如夏云,如海市,倏忽万状,诡幻百出,我乌能穷其所至哉?《语》曰:"不逆不诈,不臆不信,抑亦先觉。"此固圣贤之能事,下此则识微知著,亦智者之所尚也。未事而先为之备,未形而显为之烛,知彼知己,百不失一;穷其变,斯变穷焉耳。

范蠡

【译文】

　　人情变化之大,如夏天的云,如海市蜃楼,瞬息万变,变幻层出不穷,我怎能说清它的各种变化呢?《论语》中说:"不可逆料不欺诈,不可猜度不诚信。或者也许有人能事先觉察到。"这原是圣贤的本领,对于普通人仍可以由小知大,这也是聪明人所看重它的地方。事还没有发生便预先对它有所防备,形还没有显露而能明察它的发展方向。了解他人,也了解自己,就能做到万无一失。完全弄清了变化,变化也就穷尽了。

【原文】

　　赵蔺相如为宦者缪贤舍人，贤尝有罪，窃计欲亡走燕，相如问曰："君何以知燕王贤？"曰："尝从王与燕王会境上，燕王私握其手曰，愿结交，以故欲往。"相如止之曰："夫赵强燕弱，而君幸于赵王，故燕王欲结君。今君乃亡赵走燕，燕畏赵，其势必不敢留君，而束君归赵矣。君不如肉袒负斧锧请罪，则幸脱矣。"贤从其计。

【译文】

　　赵国的蔺相如是宦官缪贤的舍人，缪贤犯了罪，私自计划准备逃到燕国去。蔺相如问道："您怎么知道燕王贤明？"缪贤说："我曾跟从大王与燕王在边境上会晤，燕王私下握住我的手说'愿和你结交。'所以我想前去投奔他。"蔺相如阻止他说："赵国强，燕国弱，而您当时又受赵王的宠幸，所以燕王想和您结交。现在您是逃离赵国前往燕国，燕害怕赵，势必不敢收留您，反而会绑了您送回赵国。您不如赤身背上斧和锧去请罪，还可能幸免于难。"缪贤听从了他的建议。

【原文】

　　越朱公居陶，生少子逮壮，而其中男以杀人囚楚，朱公曰："杀人而死职也，然吾闻千金之子，不死于市。"乃治千金装，将遣其少子往视之。长男因请行不听，欲自杀，其母强为言，公不得已遣长子，为书遣故所善庄生，因语长子曰："至则进千金于庄生，听其所为，慎勿与争事。"长男行，如父言。庄生曰："疾去，毋留。即弟出，勿问所以然。"长男佯去，而私留楚贵人所。庄生故贫，然以廉直重，楚王以下，皆师事之。朱公进金，未有意受也，欲事成归之，以为信耳。然朱公长男不解其意，以为殊无短长。庄生以间入见楚王，言某星某宿不利楚，独为德可除之。王素信生，即使使封三钱之府。贵人告朱公长男，以王旦赦，长男以为弟固当出，千金虚弃。乃复见庄生，生惊曰："汝不去耶？"长男曰："固也，弟今且自赦，故辞去。"生知其意，令自入室取金去。庄生羞为儿子所卖，乃入见楚王曰："王欲以修德禳星，乃道路喧传陶之富人朱公子，杀人囚楚，其家多持金钱，赂王左右，故王赦，非能恤楚国之众也，特以朱公子故。"王大怒，令论朱公子，明日下赦令。于是朱公长男，竟持弟丧归，其母及邑人尽哀之，朱公独笑曰："吾固知必杀其弟也。彼非不爱弟，顾少与我俱见苦为生难，故重弃财。至于少弟者，生而见我富，乘坚策肥，岂知财所从来哉？吾遣少子，独为其能弃财也，而长者不能，卒以杀其弟，无足怪者，吾日夜固以望其丧之来也。"

【译文】

越国的朱公住在陶，生有一个小儿子，小儿子长大了，而他的二儿子由于杀人被关押在楚国。朱公说："杀人偿命，这是常理。不过我听说，有钱人家的儿子不会死在街头。"于是朱公准备好千金行装，准备派他的小儿子去搭救二儿子。但大儿子坚持要去，说不答应就要自杀。他母亲极力为他说话。朱公不得已只好派了长子去。他写了封信给过去的好友庄生，对长子说："去了就把千金送给庄生，任凭他怎么做，千万不要参与营救、争论。"

大儿子去了，按他父亲说的办了。庄生说："赶快离去，不要留在这里。即使你弟弟出来了，也不要问是怎么出来的。"于是大儿子假装离去，而暗自留在楚贵人住所。庄生原本贫穷，但是却以廉洁正直名重当时，楚王以下的官宦们都学习他。朱公送的金子，庄生没有接受的意思，想要在事情办成后还给他，以便表明自己是讲信用之人，而朱公的大儿子不懂得他的意思，以为他并没有什么救助弟弟的办法。庄生原本已趁机见过楚王，说某星宿对楚国不利,只有实行德政才可以免除不利。楚王向来信任庄生,于是立即派人封闭钱库。贵人把楚王第二天要大赦的消息告诉了朱公的长子。朱公长子以为弟弟被赦免肯定无疑,千金白白损失了不值得,于是又去见庄生。庄生吃惊地说:"你还没离开吗?"朱公长子说:"是的。我弟弟现在就要被大赦,所以来辞别。"庄生知道他的意思,让他自个儿进室内拿走金子离去。

庄生觉得自己被朱公的儿子所污辱,于是进去见楚王,说:"大王想要修德祭星,而外面却到处传说,陶地富人朱公的儿子因为杀了人而被囚禁在楚国,他家的人带了许多金钱贿赂大王左右的人。所以大王要大赦,并非是关心楚国的民众,而是特别为了赦免朱公儿子的缘故。"楚王非常愤怒,下令判朱公儿子的罪之后,第二天才下达大赦令。

于是,朱公长子竟然带着弟弟尸体回到家里。他母亲以及当地的人都为这事悲伤,只有朱公一人苦笑着说:"我原本就知道他必定会使自己的弟弟被杀。他不是不爱弟弟,只是因他从很小的时候就和我一起经受了为生活而奔走的艰难,所以对白白扔掉钱财很看重。至于像他小弟弟那样的人,生下来就看到我富有,乘好车骑好马,哪能知道钱财是怎么来的呢?我派小儿子去,只是由于他能舍弃钱财啊!而长子不能舍财,最终反而使他弟弟被杀。这没什么奇怪的,我本来就日夜等着他扶丧而回呀!"

【原文】

晋王右军少时,大将军王敦甚爱之,恒置帐中眠。敦尝先出,右军未起。须臾钱凤入,屏人论事,敦忘右军在帐中,便及逆谋。右军觉,既闻所论,知无活理,乃剔吐头面被褥,诈作熟眠状。敦论事过半,方臆右军未起,相与大惊曰:"不得不除之。"及开帐见吐唾纵横,信其实熟眠,于是得全。

【译文】

晋朝王羲之小的时候,大将军王敦很喜爱他,常常把他放在军帐中睡觉。一次王敦起床后先出去了，王羲之还没起来。不一会儿，王敦与钱凤进来，让左右众人退避，谈论军机大事。王敦忘记王羲之在帐中，便说到反叛的计划。王羲之醒后，听到了他们所谈论的事，知道自己没有办法活命了，于是把唾沫涂在脸上和被褥上，假装熟睡的样子。王敦谈论事情到一半时，才想起王羲之还没有起床，和钱凤共同大惊，说："不得不除掉他。"等到打开帐子，看见王羲之唾沫横流，相信他确实睡得很熟，于是王羲之得以保全了性命。

【原文】

范雎入秦，至湖关，望见车骑自西来，雎曰："彼来者为谁？"王稽曰："秦相穰侯。"范雎曰："我闻穰侯专秦权，恶内诸侯客，此恐辱我，我宁且匿在车中。"有顷穰侯至，劳王稽，因立车而语曰："关东有何变？"曰："无有。"又曰："谒君得无与诸侯客子俱来乎？无益徒乱人国耳。"稽曰："不敢。"即别去。范雎曰："吾闻穰侯智士也，其见事迟，乡者疑车中有人，忘索之，此必悔之。"于是范雎下车走，行十余里，果使骑还，索车中无客乃已。范雎遂与王稽入咸阳。

【译文】

范雎进入秦国，到达湖关，望见一队车马从西而来。范雎问道："那个来的人是谁？"王稽说："是秦相穰侯。"范雎说："我听说穰侯独揽秦国大权，厌恶秦国招纳诸侯国的人。这次，恐怕他会羞辱我，我宁愿暂且藏匿在车中。"过了一会儿，穰侯到来，他慰劳了王稽，随后站在车上问道："关东形势有何变化？"王

萧何

稽回答说："没有什么变化。"又问："你拜谒诸侯国君，应该不会带诸侯国的人一块儿回来吧？不要让没有用的人随便进入我们的国土。"王稽说："不敢。"穰侯就道别而去。范雎说："我听说穰侯是个智慧之士，但看事情不够敏捷。他刚才怀疑车中有人，忘记了查找，这时必定后悔了。"于是范雎下车逃走，大约走了十多里路，穰侯果然派人骑马返回追查，搜索车中确实没有人才罢休。范雎于是与王稽进入咸阳。

处嫌二十六

【提要】

君子防患未然，不处嫌疑之间。本卷主要列举了事发之前和猜疑产生之后，如何避嫌及冰释前嫌的种种方法。

【原文】

君子防未然，不处嫌疑间，嫌疑之于人甚矣哉。周公有流言之避，孔子有微服之行，彼圣且然，矧伊下此？夫长者为行，不使人疑之，顾所以先事而预远之者，则固有道矣。今衷其可术而识者，斯亦前事之师也。

【译文】

君子做事，防患于未然，不使自己处于受嫌疑的境地，因为嫌疑对一个人的影响太大了！周公因为篡夺王位的流言而回避，孔子为了掩饰自己身份而微服出行。他们这些圣人尚且如此，更何况我们这些平常人呢？作为长者的行为，不受人怀疑，只是因为他们懂得前车之鉴而能预知将来的趋势，这其中本来就有一定的道理。现在我将其中可以叙述清楚而且是具有代表性的事例，汇集在一起。这也是取其前事不忘、后事之师的用意。

【原文】

秦伐楚,使王翦将兵六十万人,始皇自送之灞上。王翦行,请美宅园地甚众,始皇曰:"将军行矣,何忧贫乎?"王翦曰:"为大王将,有功终不过封侯,故及大王之飨臣,臣亦及时以请园地,为子孙业耳。"始皇大笑。王翦既至军,使使还请善田者五辈。或曰:"将军之乞贷亦已甚矣。"王翦曰:"不然,夫秦王恒中而不信人,今空秦国甲士而专委于我,我不多请宅,为子孙业以自坚,顾令秦王坐而疑我耶?"

【译文】

秦国讨伐楚国的时候,派王翦率领六十万人,秦始皇亲自送行到灞上。王翦就在要出发的时候,向秦王请求赐给数量巨大的住宅和田地。秦始皇说:"将军你放心出发吧!何必担心贫困呢?"王翦回答说:"作为大王的将领,就是有功,最终也不过封侯,为了达到大王的荣耀之臣的地位,我也及时向大王请求田园土地,作为子孙的基业。"秦始皇听后大笑不止。王翦到了军中之后,又派使者回来向秦始皇请求良田,前后共请求五次。有人对王翦说:"将军你请求财物也太过分了吧?"王翦回答说:"不是这样的。秦王身处国家权力中心而不相信他人,现在将全国所有的士兵专门委托给我,我如果不多请求田地住宅,作为子孙的基业来稳固自己的地位,难道还眼看着秦王坐在那里怀疑我吗?"

【原文】

汉高专任萧何关中事,与项羽拒京索间,上数使使劳苦丞相。鲍生谓何曰:"今王暴衣露盖,数劳苦君者,有疑君心也。为君计,莫若遣君子孙昆弟,能胜兵者,悉诣王所。"于是何从其计,汉王大悦。

【译文】

　　汉高祖将关中的事务全权交给萧何处理，自己亲自率兵与项羽对峙在蒙阴西南的京、索之间。汉高祖多次派使者慰劳萧何。鲍生对萧何说："现在汉王辛苦在外，却多次派人来慰问您，对您有了怀疑之心。为您考虑，不如把您的子孙兄弟中那些能打仗的人，全都送到皇上那里。"萧何听从了他的计策，汉王非常高兴。

【原文】

　　陈平间行渡河，船上见其美丈夫独行，疑为亡将，腰中当有金宝，数目之。平恐，因解衣裸而佐刺船，船人知其无有，乃止。

【译文】

　　陈平潜逃渡河，船主看到他这样一个美男子单独行路，怀疑他是逃跑的将军，腰中一定会藏有金银财宝，多次暗中打量他。陈平害怕了，因而故意解开衣服，露着上身帮助船夫划船。船主知道他身上没有什么东西，于是打消了原先的邪念。

平乱二十七

【提要】

　　无论面对可能发生的动乱还是在叛乱已经发生之后，排除祸端、平定叛乱，都需要以冷静的心态分析原因、抓住关键、平息事态。

【原文】

　　扬汤不可止沸，抱薪不可救火。事变乘于仓猝，而方寸先乱，犹治丝而棼，益之纷耳，人扰我静，人忙我闲，坐镇如泰山，应变如流水，则天下复何事不办哉？

【译文】

搅动热水是无法制止水的沸腾的，抱着柴火也救不了火灾。事情突然发生而方寸先乱，这就像清理蚕丝而将它弄得更加混乱。别人骚动不安，我非常镇静；别人忙乱，我非常安闲；稳坐如泰山，应付事态的变化犹如流水般随势赋形。只要能做到这样，天下还有办不成的事么？

【原文】

汉高帝已封功臣一十余人，其余日夜争功不决。上在洛阳南宫，望见诸将，往往相与坐沙中偶语，以问留侯。对曰："陛下起布衣，以此属取天下，今为天子，而所封皆故人，所诛皆仇怨，故相聚谋反耳。"上曰："奈何？"留侯曰："上平生所憎，群臣所共知，谁最甚者？"上曰："雍齿数窘我。"留侯曰："今急先封雍齿，则群臣人人自坚矣。"乃封齿为什方侯。群臣喜曰："雍齿且侯，吾属无患矣。"

【译文】

西汉初年，汉高祖已经封了十几个有功之臣，其余尚未封赏的功臣日夜不停地争功。当时，汉高祖在洛阳南宫，看到诸将常常一起相互说悄悄话。高祖为这件事而问留侯张良，张良回答说："陛下是普通百姓起家的，依靠着这些人得到了天下，今天当了天子，而所封的都是老朋友，所杀的都是有仇怨的人，因此，他们才相聚在一起商议发动叛乱。"高祖说："那该怎么办？"张良说："陛下平日憎恨的人，臣子们也全都知道，但哪一个是您最恨的呢？"高祖说："雍齿多次使我下不了台。"张良说："今天先赶紧给雍齿封爵位，其他的大臣们，就会自以为一定会得封了。"汉高祖于是封雍齿为什方侯。群臣高兴地说："雍齿都得了封，我们就更用不着担心了。"

【原文】

宋王忠穆公融知益州，会戍卒有夜焚营纠军校为乱者，融潜遣兵环其营，下令曰："不乱者敛手，出门无所问。"于是众皆出。令军校指乱卒，得十余人，戮之。及旦人皆不知也。

【译文】

宋朝的忠穆公王融曾担任益州知府，当时恰好戍卒中有人在夜里焚烧了营门，纠集军官司官作乱。王融秘密地派兵将他们的营房包围住，下令说："不想作乱的人把手举起来，走出门不再过问。"于是众人全都走了出来。王融又命令军校将作乱的士兵指出来，结果抓住十几个人，并将他们都杀了，到天亮时，别人都不知道发生了这件事。

息纠纷二十八

【提要】

追求和谐，是中国文化的内在精神之一。替他人排忧解难是平息纠纷、促进和谐的主要方面，也是宽以待人的美德体现。

【原文】

宋寇准在藩镇生辰，造山棚大宴，排设如圣节仪，晚衣黄道服簪花，为人所奏。帝怒，谓王旦曰："寇准每事欲效朕。"旦微笑徐对曰："准许大年纪尚骏耶。"真宗意解，曰："然，此正是骏哥。"遂不问。

【译文】

宋朝的寇准，一次在藩镇过生日，当天搭起了饰彩的大棚，大宴宾客，排场得如同皇上的仪式一般，晚上穿着黄道服，簪着花,结果被人报告给了皇上。皇帝非常生气,对王旦说:"寇准做事,总想效法我。"王旦微笑着慢慢回答说:"寇准这么大的年纪了,差不多快变成呆子了。"宋真宗顿时怒气消解说道:"对!真快成呆子了。"于是不再追查此事了。

【原文】

明成祖时,广东布政徐奇入觐,载岭南藤簟,将以馈廷臣。逻者获其单日以进上,视之无杨士奇名,乃独召之问故。士奇曰:"徐奇自都给事中,受命赴广时,众皆作诗文送之,故有此馈。臣时有病,无所作,不然也不免。今众名虽具,受否未可知,且物甚微,当亦无他。"上意解,即以单目付中官,令毁之。

【译文】

明成祖的时候,时任广东布政使的徐奇进京面见皇帝,他装载了岭南出产的藤席,准备送给朝廷的大臣们。巡察的人截获了他即将送礼的名单进献给皇上。皇上发现上面没有杨士奇的名字,于是单独召见杨士奇,向他询问其中的原因。杨士奇回答说:"徐奇从京城指令事中职位上,去广东任职时,这些官员们都作诗文送他,所以才有这次的馈赠。我当时有病,没去作诗,要不然他也会送给我的。今天众人的名字虽然全都有了,但接受不接受他的礼品还不知道。何况礼品非常微薄,应该是没有别的意思的。"

皇上明白了他的意思，马上将名单交给宫中的官吏，命令他烧掉。

诡智二十九

【提要】

无论是危言耸听的哄骗，还是曲折迂回的规劝，本卷里的人物，个性鲜明，语言警醒，富有心机而意味隽永，读来富有启发性。

【原文】

大丈夫行事，光明磊落，如青白日，岂屑为机变之巧哉？顾世道日漓，阴谋获济，晋文且竟以谲而霸，盖所由来久矣。间观载籍，上自贤俊，下逮奸雄，胸中饶智数，遇事具机权，洵有别才，正不得概为抹倒。

【译文】

大丈夫做事，应该光明磊落，就像是青天白日一般，难道会屑于做奸诈取巧的事吗？但是，世风日下，耍阴谋的反倒能够成功，晋文公用诡诈而成就霸业，是由来已久的。我偶尔观看历史典籍，看到上自贤明杰出的人，下至奸雄，胸中都多有谋略心计，遇事都能随机应变，真是很有才干，这是不能一概抹去的。

【原文】

伍员奔吴至昭关，关吏欲执之，伍员曰："王所以索我者，以我有美珠也。今执我，我将言尔取之。"关吏因舍焉。

【译文】

伍子胥从楚国逃亡到吴国的昭关，守关的官吏想抓他。伍子胥说："楚王之所以搜捕我，是因为我身上有美丽的珠宝。如今你抓住我,我就说你拿走了宝珠。"守关的官吏因此放了他。

【原文】

孙子同齐使之齐客田忌所,忌素与齐诸公子逐射,孙子见其马足不甚相远,马有上中下,乃谓忌曰:"君第重射,臣能令君胜。"忌然之,与王及诸公子逐射千金。及临质,孙子曰:"今以君之下驷,与彼上驷;取君上驷,与彼中驷;取君中驷,与彼下驷。"既驰,三辈毕,忌一不胜,而再胜,卒得五千金。

【译文】

孙子同齐国的使者一起去齐国的客卿田忌的住所,田忌向来爱与齐国的各公子们比赛骑马射箭。孙子看到他们的战马足力相差不多,马却有上中下三等来区分,就对田忌说:"你只要与他重新比试,我就能让你取胜。"田忌答应了,他就和齐王及各位公子重新比赛,并以千金为赏金。临赛前,孙子说:"今日拿你的下等马,去与他们的上等马比赛;拿你的上等马,与他的中等马比赛;再拿你的中等马,与他的下等马比赛。"赛了三次之后,田忌只有一次没有取胜,而有两次都取胜,最终得到了五千金的奖励。

奇谋三十

【提要】

奇谋异策对处理任何事情来说,都可以取得料想不到的效果。奇谋几乎涉及了社会生活的各个方面,大到理政平叛、安定政局、行军作战及兴办公益事业,小到揣度国君心思、结交权贵、树立个人威信,以及行骗算命、谋财取利、满足自己的嗜好等。无处不有奇谋,关键在于创造发挥。

【原文】

　　魏武帝行役，失汲道，军皆渴，乃令曰："前有一梅林，饶子，甘酸可以解渴。"士卒闻之，口皆出水，乘此得达泉源。

【译文】

　　魏武帝曹操在行军当中，找不到饮水的渠道，全军都很口渴。曹操于是告令全军说："前面有一片梅子林，梅果有很多，酸甜可口，可以解渴。"士兵们听说之后，嘴里全都流出了口水。用这个办法最终得以到达有水源的地方。

【原文】

　　宋丁谓既窜崖州，其家寓洛阳，尝作家书，遣使致之洛守刘烨，祈转付家，戒使者曰："伺烨会僚众时呈达。"烨得书遂不敢隐，即以闻帝。启视，则语多自刻责，叙国厚恩，戒家人无怨望。帝感恻，遂徙雷州。

【译文】

　　北宋时期，丁谓已经被放逐到崖州之后，他的家人还居住在京城洛阳。他曾写家书派使者送到洛阳太守刘烨那里，请求刘烨转交给他的家人，他告诫使者说："你要趁刘烨会见他的部下时将信送给他。"刘烨收到丁谓的信后，即不敢隐瞒，将它交给皇上。皇上拆开信阅读，见书中有很多自我严厉责备的话，并讲述了国家对待自己深厚的恩情，并告诫家人不要有怨恨情绪。皇上非常感动，于是将丁谓改徙到雷州。

【原文】

　　赵王李德诚，镇江西，有卜者，称世人贵贱一见辄分。王使女伎数人，与其妻滕国君，同妆梳服饰立庭中，请辨良贱。客俯躬而进曰："国君头上有黄云。"群使不觉皆仰视，卜者因指所视者为国君。

【译文】

赵王李德诚镇守江西时，有一个占卜算命的人，声称世上人们的贵贱，只要见一面就能分辨出来。赵王让几名女伎与他的妻子滕国君，穿同样的服装，以同样的妆束站立在厅堂之中，请占卜者分辨出贵贱。卜筮的人弯着腰向前走，并说："国君的头上有黄色的祥云。"乐伎们都不约而同地抬头观看滕国君。占卜者于是指出被看的人就是滕国君。

【原文】

梁谯国夫人，高凉洗氏女，归罗州刺史子宝。宝世为守牧，他乡羁旅，号令不行。夫人戒约宗属，参决词讼，自此政令有序。遇侯景反，广州都督萧勃，征兵援台。高州刺史李迁仕遣召宝，宝欲往，夫人止之曰："刺史被台召，乃称有疾，铸兵聚众，而后唤君往，必留质，追君兵众，愿且勿行，以观其势。"数日迁仕果反，遣主帅杜平虏将兵入赣石。夫人曰："平虏与官军相拒，势未得反，迁仕在州，无能为也，宜遣使卑词厚礼，云身未敢出，愿遣妇请参。彼闻之喜，必无防虑，我将千余人，步担杂物，倡言输款，得至栅下，贼必可图。"宝从之，迁仕果不设备，夫人击之，迁仕遂走。夫人总兵，与陈霸先会于赣石。后宝卒，岭表大乱，夫人怀集百越，敷州宴然。

【译文】

南朝梁谯国夫人，是高凉洗氏的女儿，嫁给了罗州刺史子宝。子宝一直担任郡守，在异地他乡为官，号令常常不能实施。谯国夫人告诫约束宗族下属，参与案件审理，从此以后，政令畅通有序。当时，正遇上侯景反叛，广州都督萧勃征集兵士援助台府。高州刺史李迁仕派人召请子宝，子宝准备前去。夫人劝阻他说："高州刺史受台府召请，却声称有病不能前行。他聚集人马，铸造兵器，然后才召请你去。你若是前去，必然留住你作为人质，然后他就会追击你的兵众。你暂且不要去，以观事态的发展。"几天后，李迁仕果然反叛，并派遣主帅杜平虏率兵攻入了赣石。夫人又说："杜平虏与官兵对抗，还不具备立刻反叛的形势。李迁仕在高州，也无能为力。现在的情况适宜派使者前去，用谦卑的言辞，厚重的礼物打动他，说你自己不敢亲自参战，先派遣夫人我前来参战。李迁仕听到这个情况，必定高兴，而且不会加以防备。到时候我率领一千多人，担着各种礼物步行前去，极力表示诚心归服。等到他的军营栅栏之后，攻击贼人，必然能把他们打败。"子宝同意了这个计策。李迁仕果然没有防备，谯国夫人率兵袭击，李迁仕兵败后逃走。夫人整顿兵马，与陈霸先会兵赣石。后来，子宝死后，岭南大乱，谯国夫人又怀柔百越，所有各州都安然无事。

书目

001. 唐诗
002. 宋词
003. 元曲
004. 三字经
005. 百家姓
006. 千字文
007. 弟子规
008. 增广贤文
009. 千家诗
010. 菜根谭
011. 孙子兵法
012. 三十六计
013. 老子
014. 庄子
015. 孟子
016. 论语
017. 五经
018. 四书
019. 诗经
020. 诸子百家哲理寓言
021. 山海经
022. 战国策
023. 三国志
024. 史记
025. 资治通鉴
026. 快读二十四史
027. 文心雕龙
028. 说文解字
029. 古文观止
030. 梦溪笔谈
031. 天工开物
032. 四库全书
033. 孝经
034. 素书
035. 冰鉴
036. 人类未解之谜（世界卷）
037. 人类未解之谜（中国卷）
038. 人类神秘现象（世界卷）
039. 人类神秘现象（中国卷）
040. 世界上下五千年
041. 中华上下五千年·夏商周
042. 中华上下五千年·春秋战国
043. 中华上下五千年·秦汉
044. 中华上下五千年·三国两晋
045. 中华上下五千年·隋唐
046. 中华上下五千年·宋元
047. 中华上下五千年·明清
048. 楚辞经典
049. 汉赋经典
050. 唐宋八大家散文
051. 世说新语
052. 徐霞客游记
053. 牡丹亭
054. 西厢记
055. 聊斋
056. 最美的散文（世界卷）
057. 最美的散文（中国卷）
058. 朱自清散文
059. 最美的词
060. 最美的诗
061. 柳永·李清照词
062. 苏东坡·辛弃疾词
063. 人间词话
064. 李白·杜甫诗
065. 红楼梦诗词
066. 徐志摩的诗

067. 朝花夕拾	100. 中国国家地理
068. 呐喊	101. 中国文化与自然遗产
069. 彷徨	102. 世界文化与自然遗产
070. 野草集	103. 西洋建筑
071. 园丁集	104. 西洋绘画
072. 飞鸟集	105. 世界文化常识
073. 新月集	106. 中国文化常识
074. 罗马神话	107. 中国历史年表
075. 希腊神话	108. 老子的智慧
076. 失落的文明	109. 三十六计的智慧
077. 罗马文明	110. 孙子兵法的智慧
078. 希腊文明	111. 优雅——格调
079. 古埃及文明	112. 致加西亚的信
080. 玛雅文明	113. 假如给我三天光明
081. 印度文明	114. 智慧书
082. 拜占庭文明	115. 少年中国说
083. 巴比伦文明	116. 长生殿
084. 瓦尔登湖	117. 格言联璧
085. 蒙田美文	118. 笠翁对韵
086. 培根论说文集	119. 列子
087. 沉思录	120. 墨子
088. 宽容	121. 荀子
089. 人类的故事	122. 包公案
090. 姓氏	123. 韩非子
091. 汉字	124. 鬼谷子
092. 茶道	125. 淮南子
093. 成语故事	126. 孔子家语
094. 中华句典	127. 老残游记
095. 奇趣楹联	128. 彭公案
096. 中华书法	129. 笑林广记
097. 中国建筑	130. 朱子家训
098. 中国绘画	131. 诸葛亮兵法
099. 中国文明考古	132. 幼学琼林

133. 太平广记
134. 声律启蒙
135. 小窗幽记
136. 孽海花
137. 警世通言
138. 醒世恒言
139. 喻世明言
140. 初刻拍案惊奇
141. 二刻拍案惊奇
142. 容斋随笔
143. 桃花扇
144. 忠经
145. 围炉夜话
146. 贞观政要
147. 龙文鞭影
148. 颜氏家训
149. 六韬
150. 三略
151. 励志枕边书
152. 心态决定命运
153. 一分钟口才训练
154. 低调做人的艺术
155. 锻造你的核心竞争力：保证完成任务
156. 礼仪资本
157. 每天进步一点点
158. 让你与众不同的8种职场素质
159. 思路决定出路
160. 优雅——妆容
161. 细节决定成败
162. 跟卡耐基学当众讲话
163. 跟卡耐基学人际交往
164. 跟卡耐基学商务礼仪
165. 情商决定命运
166. 受益一生的职场寓言
167. 我能：最大化自己的8种方法
168. 性格决定命运
169. 一分钟习惯培养
170. 影响一生的财商
171. 在逆境中成功的14种思路
172. 责任胜于能力
173. 最伟大的励志经典
174. 卡耐基人性的优点
175. 卡耐基人性的弱点
176. 财富的密码
177. 青年女性要懂的人生道理
178. 倍受欢迎的说话方式
179. 开发大脑的经典思维游戏
180. 千万别和孩子这样说——好父母绝不对孩子说的40句话
181. 和孩子这样说话很有效——好父母常对孩子说的36句话
182. 心灵甘泉